普通高等教育材料类专业规划教材

陕西师范大学本科教材建设基金资助出版

高分子材料实验与技术

邓字巍　王强　卫洪清　编

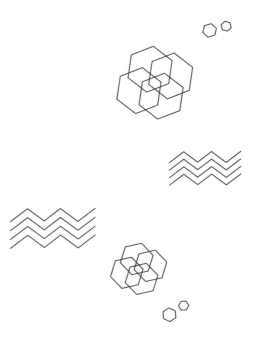

化学工业出版社

·北京·

内 容 简 介

《高分子材料实验与技术》共 6 章，第 1 章为绪论；第 2 章为高分子材料实验室安全与防护，涉及实验室安全知识、意外事故应急处置等；第 3 章为高分子材料实验基本操作，内容包括原料精制纯化、实验装置、聚合物的分离与纯化；第 4 章为高分子材料基础实验，内容涉及典型的聚合反应等；第 5 章为高分子材料综合实验，主要包括功能高分子材料的合成、成型以及性能测试；第 6 章为高分子材料的表征与性能分析，主要涉及高分子材料相关仪器表征测试技术。

本书可以作为高分子材料与工程、材料化学、化学、化工等相关专业本科生实验教学用书，也可以为从事高分子材料开发、研究、生产和应用的工程技术人员参考使用。

图书在版编目（CIP）数据

高分子材料实验与技术/邓字巍，王强，卫洪清
编 . —北京：化学工业出版社，2021.6（2022.7重印）
ISBN 978-7-122-38842-1

Ⅰ.①高⋯　Ⅱ.①邓⋯②王⋯③卫⋯　Ⅲ.①高分子材料-实验-高等学校-教材　Ⅳ.①TB324-33

中国版本图书馆 CIP 数据核字（2021）第 057725 号

责任编辑：王　婧　杨　菁　　　　　　　　装帧设计：李子姮
责任校对：宋　玮

出版发行：化学工业出版社（北京市东城区青年湖南街 13 号　邮政编码 100011）
印　　装：天津盛通数码科技有限公司
787mm×1092mm　1/16　印张 9¾　字数 240 千字　2022 年 7 月北京第 1 版第 2 次印刷

购书咨询：010-64518888　　　　　　　　售后服务：010-64518899
网　　址：http://www.cip.com.cn
凡购买本书，如有缺损质量问题，本社销售中心负责调换。

定　　价：39.00 元

前　言

　　高分子科学是一门理论与实践相结合的学科。高分子实验技术是高分子教学与科研中不可缺失的一个重要环节，它对高分子化学、高分子物理以及高分子材料学的理论发展起到了极大的推动作用。因此，加强高分子专业学生的高分子实验课程训练是十分必要的。通过高分子实验教学可以加深学生对高分子化学与高分子物理理论课程中基本概念和理论的理解，掌握基本实验技能和方法，增强学生对高分子材料学科的兴趣，培养学生独立工作能力、创新能力和综合素质，为今后的工作打下坚实基础。

　　本书是在高分子化学与高分子物理实验教学实践的基础上，参考国内外高分子材料实验的教材、专著和相关文献，为高分子专业设置的高分子材料实验课程编写的，主要内容包括：高分子材料实验课程学习要求，高分子材料实验室安全与防护，高分子材料实验基本操作、基础实验和综合实验，高分子材料的表征与性能分析。整体内容注重基础理论与基础实践能力相结合，全方位培养学生的专业实验技能和实验创新能力及综合素质。

　　本书共分6章，由36个实验组成，第1章为绪论，主要介绍高分子材料实验的内容及目的和高分子材料实验课程的学习要求；第2章为高分子材料实验室安全与防护，涉及高分子材料实验室安全守则、高分子材料实验室个人行为规范、化学品安全知识、实验室使用安全知识、意外事故应急处理等；第3章为高分子材料实验基本操作，内容包括原料精制纯化、实验装置、聚合物的分离和纯化；第4章为高分子材料基础实验；第5章为高分子材料综合实验，主要包括功能高分子材料的合成、成型以及性能测试；第6章为高分子材料的表征与性能分析，主要涉及高分子材料相关仪器表征测试技术。

　　本书由陕西师范大学材料科学与工程学院邓宇巍（第1，3，4，5章）、王强（第6章）、卫洪清（第2章）三位老师编写。邓宇巍对全书进行了最后的统稿和定稿，马艳玲、蒙婷婷、刘松宇、王会超、苟欣瑜、高韵姗对全书进行了校阅。本书得到陕西师范大学本科教材建设基金资助，并得到材料科学与工程学院陈新兵院长、雷志斌、曾京辉等老师的大力支持与帮助，在此深表衷心的感谢！

　　由于编者水平有限，书中难免存在疏漏或不妥之处，恳请读者批评指正。

邓宇巍

2020年2月

目 录

附录　/141

参考文献　/150

第1章
绪　论

　　高分子材料是材料学科的一个重要分支，它的发展有力地推动了高分子工业的进步，从而使高分子材料在整个国民经济中发挥着重要作用。从理论上而言，高分子材料是一门研究高分子合成及其应用的科学；从实践上而言，高分子材料是一门实验性科学。它是理论与实验结合非常紧密的自然学科，高分子的理论发展离不开实验的验证与支持，高分子材料的实验设计与开展也离不开理论的指导。纵观人类对高分子材料的开发与应用历史，可以清晰地看出高分子学科的发展就是实践应用与理论探索相互促进、共同发展的过程。因此，通过高分子材料实验，可以加深对高分子基础知识和基本原理的理解，并能熟练地掌握实验技术和基本技能，自如地进行实验设计，为以后的工作打下坚实的实验基础。

1.1　高分子材料实验课程的内容及目的

　　高分子材料实验是高分子材料与工程专业学生必修的一门专业实验课程，它是高分子化学与物理课程的重要实践与验证，是一门实践性很强的专业课程。高分子材料实验的内容与高分子化学与物理理论课程相辅相成，又自成一体。其中，实验内容包括不同反应类型（例如：缩聚、自由基聚合、自由基共聚、离子聚合、配位聚合以及高分子化学反应等）和聚合反应的实施方法（例如：本体聚合、溶液聚合、悬浮聚合、乳液聚合等），简要介绍了每个实验设计背后所涉及的相关理论知识与原理，使学生加深对高分子化学与物理理论的理解。为了使学生加深对高分子材料结构与性能关系的理解，在实验课程教学上增加了高分子材料结构的研究方法，聚合物的表征与分析，以及材料性能测试方法。实验内容涉及聚合物的溶液性质、力学性能、热学性能以及聚合物的结构分析等。此外，高分子材料实验是一门专业实验课程，实验过程中要用到水、电、气、危险化学品以及仪器设备等，会存在各种实验室安全问题。因此，本书内容特别添加了高分子材料实验室安全与防护知识，主要包括：实验室安全守则，个人行为规范，化学品安全知识，实验室水、电、气使用安全，实验室安全事故的预防措施和应急处置，以及实验室废弃物处置等。通过高分子材料实验室的安全与防护知识的普及教育，可以使学生全面了解高分子材料实验过程中存在的危险因素，以保证学生实验安全。即使学生在实验操作中发生危险情况，也可以根据相关安全知识，采取正确的应急措施进行冷静处置，最大化减小事故危害。

　　通过高分子材料实验的开展，达到以下几个目的。

　　① 更好地理解高分子化学与物理的基础知识和基本原理；加深对高分子材料独特性的了解，增加对高分子材料的学习兴趣。

② 通过高分子材料基础实验与综合实验的教学，使学生掌握高分子合成具体的实施方法以及控制因素，初步了解典型高分子材料的使用性能。

③ 掌握高分子材料结构与性能表征研究方法和实验技能，了解相关仪器测试原理以及高分子材料特殊的结构与性能。

④ 培养学生独立分析问题和解决问题的能力，培养学生能够独立选择设计实验方案，动手操作，收集数据，分析结果和总结经验的能力。

总之，高分子材料实验课程的教学重点是传授高分子科学的基本知识和实验方法，训练科学的研究方法和思维，培养科学品德和科学精神。

1.2 高分子材料实验课程的学习要求

高分子材料实验课程是一门独立的专业实验课程，具有自然科学的特征。整个实验课程的学习以学生按照预定的实验路线操作完成为主，教师必要的课堂指导为辅。在综合实验部分，学生还需要设计合理的实验方案独立完成实验操作。因此，每个完整的高分子材料实验课程由实验预习阶段、实验操作阶段以及实验报告总结阶段三部分组成。

（1）实验预习阶段

高分子材料实验课程所涉及的每一项基础实验和综合实验，都有高分子化学与物理的基础知识和理论作为支撑。在进行每一项高分子材料实验之前，需要对整个实验所涉及的基本原理和相关的操作流程做到认真预习。通过实验预习应了解以下内容。

① 实验的目的和要求。

② 实验所涉及的基础知识和原理。

③ 实验所需药品试剂及安全性问题。

④ 实验仪器设备及相关仪器操作方法。

⑤ 实验基本过程，操作过程中可能会出现的问题及解决方法。

（2）实验操作阶段

高分子材料实验通常包括实验药品选择与仪器安装配置、高分子材料合成制备以及高分子材料结构和性能的分析表征。整个实验进行中需要仔细操作，认真观察和翔实记录，具体要做到如下几点。

① 认真听取指导教师课堂讲解的实验过程、操作要点及注意事项。

② 按照实验要求正确安装搭配实验装置，并按照实验设定步骤开始实验操作，如实记录实验试剂和实验条件。

③ 实验进行中认真观察实验现象，并将实验中获得的实验数据（例如：实验条件，聚合反应起始时间，反应体系变化出现时间等）如实记录在实验报告本上。

④ 实验过程中认真分析实验现象和实验相关数据，遇到疑难问题需要及时向指导教师请教；发现实验结果与理论不符，必须仔细核实实验记录，分析原因。

⑤ 收集实验样品进行后处理，处理实验相关数据，报告给实验指导教师。处理用于表征分析的样品，为材料的结构与性能表征分析做好准备。

⑥ 实验结束，拆除实验装置，清洗实验玻璃仪器，处理废弃化学药品、试剂，清理实

验平台，保持实验室清洁卫生。

（3）实验报告总结阶段

高分子材料实验结束后，需要整理实验记录和数据，并撰写实验报告，对实验结果进行分析总结。

① 依据实验记录和数据，结合理论知识对实验现象进行解释与分析。

② 将实验结果与理论预测进行对比，分析实验过程中出现的实验现象，提出自己对本次实验现象的分析以及对实验进行改进的见解。

③ 独立撰写实验报告。完整的实验报告应包括：实验题目，实验日期，实验目的，实验原理，实验记录，数据处理，结果和讨论。

第2章

高分子材料实验室安全与防护

高校实验室是实验教学、科学研究、知识创新和人才培养的重要场所，是培养学生实验技能和科技创新能力的重要基地。高校实验室安全事故的发生，会给个人、家庭、学校和社会带来严重后果，其主要原因有：①安全防护意识不强，缺乏必要的安全知识和技能；②制度不健全，安全管理有死角；③违规操作和恶意伤害；④仪器设备或各种管线年久失修、老化损坏；⑤外部犯罪因素（如：设备被窃、泄密等）；⑥校园安全文化缺失等。这些不安全的行为和不安全的环境都属于人为因素，是造成安全事故的主要因素。因此，加强实验室安全教育是全面实施素质教育与培养合格人才的重要内容之一，是保障实验室安全的关键措施，是提高学生安全素质和构建安全文化的迫切需求，是国家法律法规的要求，也是新形势下教育国际化的要求。

2.1 高分子材料实验室安全守则

① 实验前必须做好预习，明确实验目的、原理、方法和步骤，撰写预习报告。

② 实验前要全面了解实验中的安全隐患和应急处置方法，采取适当的安全防护措施。

③ 进入实验室必须遵守实验室的各项规定，严格执行操作规程，保证实验室的正常运转。

④ 禁止任意混合各种化学试剂，以免发生意外事故。

⑤ 使用易燃、易爆化学试剂时，应在远离火源的地方进行。加热易燃化学试剂时，应在水浴或油浴中进行。

⑥ 可能生成有毒或有腐蚀性气体的实验，应在通风橱内进行。

⑦ 实验室内严禁饮食或将食物（具）带进实验室，严禁吸烟。实验完毕，必须认真洗净双手。

⑧ 禁止用湿手、湿物触及电源，以防止触电事故的发生。

⑨ 实验操作完毕，应及时清洗用过的玻璃仪器并放回原处。整理实验桌面，保持实验室环境整洁，经指导教师同意后方可离开实验室。离开实验室前关好水、电、门、窗，以确保实验室安全。

⑩ 实验室水槽禁止倾倒具有异味、腐蚀、剧毒和有机物等有危害性物质，实验产生的所有废弃物应根据其性质分类处置，并标明成分。

2.2 高分子材料实验室个人行为规范

为了加强实验室安全工作，规范实验室的个人行为，切实做好防火、防爆、防毒、防盗等预防工作，实验人员应遵守如下个人行为规范。

① 进入实验室之前必须经过实验室安全培训，要具备实验室安全常识和解决常见突发事故的能力。

② 禁止携带与实验无关的物品进入实验室。

③ 实验时要穿防护服、戴防护手套和防护眼镜、穿长袖棉质实验服、穿长裤、穿不露脚面的鞋；女生进入实验室，禁止戴饰品，也不可以梳披肩发。

④ 实验中应集中注意力，严格按实验流程进行操作，不做与实验无关的事情。

⑤ 实验中遇到疑问时，要及时请教指导教师，不得盲目操作。

⑥ 危险化学品要分类存放，实验前要了解所用危险化学品安全技术说明书（MSDS）。

⑦ 严格按照操作规程使用仪器，使用不熟悉的仪器一定要向指导教师请教，发现故障或有损坏，立即报告，不得擅自动手检修。

⑧ 在实验台上不摆放暂时与实验无关的药品（尤其是危险性化学试剂）。

⑨ 未经允许不得带无关人员进入实验室。

⑩ 熟悉实验室消防疏散路线，了解急救箱、灭火器材、洗眼和冲淋器等安全设施的位置和使用方法。铭记应急电话119、120、110。

2.3　化学品安全知识

2.3.1　危险化学品简介

化学品是指各种元素组成的纯净物和混合物。目前世界上发现的700多万种化学品中，部分化学品因其所固有的易燃、易爆、有毒、有害、腐蚀、放射等危险特性被划为危险化学品。目前人类已经发现的危险化学品有6000多种，其中最常用的有2000多种。除危险化学品以外的化学品都是一般化学品。

危险化学品包括爆炸品、压缩气体和液化气体、易燃液体、易燃固体、自燃物品和遇湿易燃物品、氧化剂和有机过氧化物、有毒品和腐蚀品等。为与《全球化学品统一分类和标签制度》（Globally Harmonized System of Classification and Labelling of Chemicals，GHS）接轨，危险化学品被定义为具有毒害、腐蚀、爆炸、燃烧、助燃等性质，对人体、设施、环境具有危害的剧毒化学品和其他化学品。

危险化学品分为一般危险化学品和特殊危险化学品。特殊危险化学品主要包括：易制毒化学品、易制爆化学品和剧毒化学品等，是公安机关监管的危险化学品。

2.3.2　危险化学品分类、标签及安全数据表

早期对于化学品分类标准、标签要求和安全数据表（SDS）世界各国有所不同。为了保护人类健康和环境、完善现有化学品分类和标签体系、减少对化学品试验和评价、促进国际贸易，以便建立一个单一的、全球统一的系统，以解决化学品鉴别与分类、标签和安全数据表的问题，制定了《全球化学品统一分类和标签制度》（GHS）。

（1）GHS

GHS是用于定义和分类化学品而制定的一种常规、连贯的方法，并通过标签和安全数据表向其他环节传递信息的制度，是由联合国出版的作为指导各国控制化学品危害和保护人

类健康与环境的规范性文件。GHS主要包括两个方面内容，即危害性统一分类和危害信息统一公示（采用标签或安全数据表两种方式进行）。

① GHS对化学品的分类。GHS第四修订版中将化学品分为3大类，28项，107小项。其中，物理危害16项，53小项；健康危害10项，46小项；环境危害2项，8小项。

② GHS象形图和标签。在GHS标签中使用了9个危险性象形图，每个象形图符号适用于指定1个或多个危险性类别。GHS危险性公示要素（象形图符号）适用范围见表2-1。GHS规定，标签可用于表达化学品的危害信息。标签的内容至少含有6部分信息：产品标识符、信号词、危险说明、象形图、防范说明和供应商标识。GHS标签内容见图2-1。

表 2-1　GHS 危险性公示要素（象形图符号）适用范围

物理危害			
象形图			
适用危险类别	爆炸性物质 自反应物质 有机过氧化物	易燃气体 发火液体 易燃气溶胶 发火固体 易燃液体 自燃物质 易燃固体 与水放出易燃气体物质 自反应物质 有机过氧化物	氧化性气体 氧化性固体 氧化性液体	高压气体

健康与环境危害				
象形图				
适用危险类别	急性毒性 皮肤腐蚀/刺激性 严重眼损伤/眼刺激性 呼吸或皮肤致敏性 特定靶器官系统毒性（单次接触） 危害臭氧层	呼吸或皮肤致敏性 生殖细胞致突变性 致癌性 生殖毒性 特定靶器官系统毒性（单次接触） 特定靶器官系统毒性（反复接触） 吸入危害性	金属腐蚀剂 皮肤腐蚀/刺激性 严重眼损伤/眼刺激性	急性毒性	危害水生环境物质

③ 安全数据表（safety data sheet，SDS）。SDS也可以用于对化学品危害信息进行公示，主要包括16个方面的内容：标识、危害标识、成分构成/成分信息、急救措施、消防措施、意外泄漏措施、搬运和存储、接触控制/人身保护、物理和化学性质、稳定性和反应性、毒理学信息、生态学信息、处置考虑、运输信息、管理信息和其他信息。

（2）中国化学品分类、安全标志与标签、安全技术说明书

① 中国化学品分类。根据《化学品分类和危险性公示　通则》（GB 13690—2009），对常用危险化学品按其自身的危险特性或主要危险性进行分类：爆炸品（3项），压缩气体和液

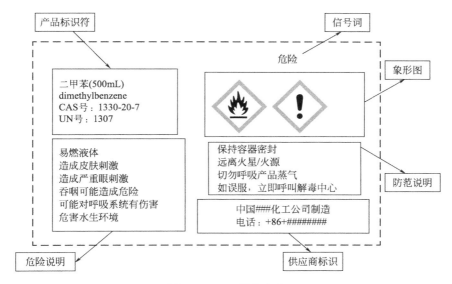

图 2-1　GHS 标签内容

化气体（3 项），易燃液体（3 项），易燃固体、自燃物品和遇湿易燃物品（3 项），氧化剂和有机过氧化物（2 项），毒害品和感染性物品（3 项），放射性物品（3 项），腐蚀品（3 项），共 8 大类、23 项。

　　为与 GHS 相对应，我国制定了《化学品分类和标签规范》系列强制标准（GB 30000.2～30000.29—2013），该系列标准对常用危险化学品分类的规定与 2011 年 GHS 第四修订版内容一致。

　　② 化学品安全标志与标签。

　　a. 化学品安全标志，是指常用危险化学品的危险特性和类别。

　　标志种类与图形：对化学品设 16 种主标志（图 2-2）和 11 种副标志（图 2-3）。主标志由表示危险特性的图案、文字说明、底色和危险品类别号四个部分组成，副标志图形中没有危险品类别号。

　　标志使用原则：当一种化学品具有一种以上的危险性时，应用主标志表示主要危险性类别，并用副标志表示重要的其他危险性类别。

　　b. 化学品安全标签，是指化学品在市场上流通时由生产销售单位提供的附在化学品包装上的标签，是向作业人员传递安全信息的一种载体。它用简单、易于理解的文字和图形表述有关化学品的危险特性及其安全处置的注意事项，警示作业人员进行安全操作和处置。内容主要包括化学品标识（名称、编号）、危险性标志、警示词、危险性概述、安全措施、生产企业信息（地址、电话）、化学事故应急电话、危规号与 UN 号和提示参阅 MSDS（安全技术说明书）等内容。标签内容见图 2-4。

　　③ 安全技术说明书。在我国的标准中常采用危险化学品安全技术说明书（material safety data sheet，MSDS，又称物质安全数据表），为化学物质及其制品提供有关安全、健康和环境保护方面的各种信息。MSDS 由 16 部分信息组成，其结构见图 2-5。

2.3.3　危险化学品的存放总要求

　　爆炸品：禁止与氧化剂、自燃物品、酸、碱、金属粉末放在一起；保存在室温低于

图 2-2　化学品 16 种主标志

图 2-3　化学品 11 种副标志

20℃的防爆试剂柜或防爆冰箱中，远离明火、热源和阳光直射；使用时严防撞击、摔、滚、摩擦。

　　易燃液体：远离热源、火源，于避光阴凉处保存，通风良好，不能装满，存放温度不能超过 30℃；轻拿轻放，严禁滚动、摩擦和碰撞。易挥发药品多属一级易燃物、有毒液体，最好保存在防爆冰箱内。

　　易燃固体、自燃物品和遇湿易燃物品：应储存在阴凉、通风和干燥处，远离热源、火

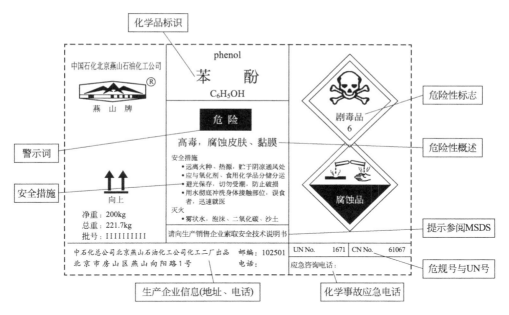

图 2-4　化学品标签内容

图 2-5　安全技术说明书结构图

种、氧化剂和酸类；轻拿轻放，严禁滚动、摩擦和碰撞。

氧化剂和有机过氧化物：应储存在阴凉、干燥处，远离热源、火种；不要与有机物、自燃物、易燃物和还原剂等存放在一起；轻拿轻放，避免碰撞、摩擦等。

放射性物品：用铅制罐或铁铅组合罐盛装；做好个人防护。

致癌药品：有致癌药品的明显标志，上锁，并做好相关使用记录。

有毒化学试剂：应存放在通风处，且远离明火和热源；要单独存放，不得与其他化学试剂共同存放；剧毒化学品、麻醉类和精神类等管控类药品，只能存放在不易移动的保险柜或带双锁的冰箱中，实行"双人保管、双人领取、双人使用、双把锁和双本账"的五双制度；能产生有毒气体或烟雾的化学品，应存放在配有通风吸附装置的试剂柜中。

腐蚀品：有机腐蚀品应放在远离火种、热源、氧化剂、易燃品、遇湿易燃品的地方；酸碱腐蚀品应分开存放；腐蚀性液体存放在防腐蚀试剂柜的下层。

特别保存的物品：金属钠、钾等碱金属，储于煤油中。黄磷储于水中。上述两种药物，很易混淆，要隔离储存。苦味酸，湿保存，要时常检查是否放干。镁、铝（粉末或条片），避潮保存，以免积聚易燃易爆氢气。吸潮物、易水解物，储于干燥处，封口应严密。易氧化易分解物，储于阴凉暗处，用棕色瓶或瓶外包黑纸盛装。但双氧水不要用棕色瓶（有铁质促使分解）装，最好用塑胶瓶装，外包黑纸。

2.3.4 危险化学品的使用安全

① 实验之前应先阅读化学品安全技术说明书（MSDS），了解危险化学品的化学特性、储存和正确使用要求、防护措施及应急处置方法。

② 严格控制危险化学品的使用数量，限量采购和使用。

③ 严禁用明火加热有机溶剂，不得在烘箱内存放干燥易燃的有机物。

④ 使用危险化学品时，实验人员应佩戴防护眼镜、手套和口罩，穿棉质的白色工作服，须两人或两人以上同时在场，且保持工作环境通风良好。

⑤ 使用会产生有毒、有害、刺激性物质的化学试剂，或是易挥发试剂，要在通风橱内操作。

⑥ 使用危险化学品，要严格遵守操作规程详细记录使用台账并保存 2 年备查。

⑦ 严禁私自赠送、调拨、借用化学品或将化学品带出实验室。

⑧ 对危险化学品的包装、器皿及废弃物要及时回收处置，不得随意丢弃。

2.3.5 高分子材料实验常用危险化学品及分类

易爆品：丁二烯、苯乙烯、甲基丙烯酸甲酯、甲醛、聚乙烯醇、石油醚、乙醚；

压缩气体和液化气体：氮气；

易燃/可燃液体：四氢呋喃、环己烷、正己烷、甲醇、乙醇、乙酸乙酯、石油醚、甲基丙烯酸甲酯、聚乙烯醇、甲基异丁基甲酮、N,N-二甲基甲酰胺、苯胺、苯乙烯、丙烯酰胺、癸二酰氯、己二胺、甲苯、聚乙酸乙烯酯、偶氮二异丁腈、三氟化硼、乙醚；

氧化剂和有机过氧化物：高锰酸钾、过硫酸铵、过硫酸钾；

有毒有害品：苯酚、苯胺、四氯化钛、丙烯酰胺、醋酸乙烯酯、二甲亚砜、过氧化苯甲酰、环氧氯丙烷、己二胺、环己烷、甲苯二异氰酸酯、偶氮二异丁腈、三氟化硼乙醚、三聚氰胺、溴苄、聚乙烯吡咯烷酮、双酚A；

腐蚀品：氧化钙、氢氧化钠、盐酸、硫酸、苯酚、过硫酸铵、马来酸酐、三异丁基铝、癸二酰氯；

易制毒品：高锰酸钾、丙酮、乙酸酐、氯仿、盐酸、浓硫酸、甲苯。

2.4 实验室水、电、气使用安全

实验室是用水、用电、用气比较集中的场所，如果不注意安全用水、用电、用气，就会造成实验室安全事故。因此，必须注意水、电、气使用安全，以确保人身和财产的安全。

（1）用水安全

水是化学类实验室中不可或缺的重要物质，但若使用和管理不当也会造成实验室安全事故。用水时，应注意以下几方面：①实验室的上、下水道必须保持通畅。②冷却用水应尽量循环使用，其连接水管不得使用乳胶管，应使用优质胶管并经常检查、及时更换。③循环水进入设备之前，应有过滤设施。④所有水管连接处都必须夹紧以防漏水，出水管必须插入水池的下水管中。⑤冷却水要保持畅通，若忘记通水易造成事故。如在有机物的蒸馏过程中忘记通水，会导致大量有机蒸气来不及冷凝而逸出，引发火灾或爆炸。⑥环境温度低于 0℃时，应将冷却系统的水放空以免冻裂。⑦师生员工应了解实验楼自来水总闸的位置，当发生水患时，应立即关闭总阀。⑧保证必需的水压、水质和水量以满足仪器设备正常运行的需要。⑨杜绝自来水龙头打开而无人监管的现象。⑩严禁私自拆、改水路；水龙头或水管漏水时应及时修理。⑪水槽的下水口须安装网格，避免异物掉入下水管堵塞管道。下水道排水不畅时，应及时疏通。⑫严禁将具有腐蚀性的酸、碱溶液直接倒入下水道，避免管道被腐蚀。

（2）用电安全

电是化学类实验室中最重要的能源，但若用电不当会造成人员触电、火灾和爆炸等实验室安全事故。在实验室用电时，应注意以下几方面：①实验前先检查用电设备，再接通电源；实验结束后，先关闭仪器设备，再关闭电源。②实验室同时用多种电气设备时，分线电量和总线电量应小于设计容量。③离开实验室或突然断电时，应关闭电源，尤其是加热电器的电源。④禁止私自任意乱接、乱拉电线，禁止供电电线任意放在通道上。⑤接线板上的用电总负荷，不能超过接线板的最大容量。⑥严禁用潮湿的手接触电器或用湿布擦拭通电中的设备、电源开关、插座、电线等，严禁将水洒在电气设备和线路上。⑦仪器设备生锈或接触不良时，要及时处理，以免接触不良产生电火花。⑧空调、计算机、电热器和各种仪器设备等不得在无人情况下开机过夜。确实需要开机过夜的，必须做好安全防范和应急措施。

（3）气体使用安全

化学实验常用到高压储气钢瓶，如使用不当，会导致爆炸或火灾事故，其危害相当严重。因此，在管理和使用中，必须严格遵守气瓶有关规定：①压力气瓶必须分类存放，如易燃易爆气瓶不得与助燃气瓶混放。做好标识和固定工作，应专瓶专用，不能随意改装，不得堆放大量气体钢瓶。②钢瓶存储的地方应有良好的通风、防爆、防静电、防暴晒、防雨、防雷击、防热源、防火灾、防腐蚀等安全措施。③易燃、易爆、有毒的危险气体需安装危险气体报警装置；气体连接管路必须使用金属管，乙炔气的连接管路不得使用铜管；对于存在多条管路或外接气源的实验室，必须画出气体管路布置图，并对气路进行标识。④各种气压表一般不得混用。⑤氧气瓶严禁沾染油污，注意手、扳手或衣服上的油污。⑥瓶内气体不可用尽，须留有余压，以防倒灌。⑦使用前须检查气瓶瓶阀和管线是否有泄漏，室内通风是否良好；使用中，禁止敲击、碰撞气瓶；使用后，及时关闭总阀。⑧气瓶须在检验有效期限内使用，不得使用改装气瓶和超期未检的气瓶。⑨各种气瓶必须定期进行技术检查。对于有缺陷、安全附件不全或已损坏、不能保证安全使用的气体钢瓶，需及时做报废处理。

2.5　实验室意外事故的预防措施和应急处置

高分子材料实验室发生的安全事故主要有火灾、爆炸、中毒、触电、泄漏、烧伤、割伤等多种类型。因此，了解和掌握实验室事故的预防措施和应急处置方法尤为重要，这是实验室安全工作的重要组成部分，关系到个人、学校和社会的利益。

2.5.1 火灾事故

化学实验室常存放和使用多种易燃、易爆化学品以及各种加热设备，由于存放不当或违规使用等，易发生火灾和爆炸事故，这些事故会造成巨大的财产损失和人员伤亡。因而，应加强实验人员防火意识，并使其熟悉防火措施，掌握火灾应急处置方法。

2.5.1.1 防火措施

（1）易燃、易爆化学物品储存防火措施

① 易燃、易爆物品应分类、分项存放，严防"跑、冒、滴、漏"现象发生。

② 存放危险品的位置应远离热源、火源、电源，避免日光直射。

③ 危险品应严格密封保存，防止挥发和变质引起事故。

④ 任何物品一经放置于容器后必须贴上标签，发现异常应及时检查验证，不能盲目使用。

⑤ 实验剩余的少量易燃、易爆化学物品，总质量不超过 5kg 时，应放置到金属柜内由专人保管，超过 5kg 应及时交回危险品库房储存。禁止把实验室当作仓库使用。

⑥ 普通电冰箱内不得存放低闪点类易燃液体。存放可燃液体时也应完全封闭，防止液体挥发。

⑦ 不得用带有磨口塞的玻璃瓶盛装爆炸性物质，以免由于启闭磨口塞时摩擦产生火花而引起爆炸事故。可用软木塞、橡皮塞或塑料塞。

⑧ 实验室所用的各种气体钢瓶要远离火源，应放置在室外阴凉和空气流通的地方，用管道通入室内。氢、氧和乙炔不能混放在一处。

（2）易燃、易爆危险品操作时的防火措施

① 操作、倾倒易燃液体，应远离火源。危险性大的，如乙醚或二硫化碳操作，应在通风橱或防护罩内进行，或设蒸气回收装置。

② 危险性操作如能喷出火焰、腐蚀性物质、毒物、爆炸物，容器口应对向无人处。开启试剂瓶时，瓶口不得对向人体；如室温过高，应先将瓶体冷却。

③ 黄磷、金属钾、钠、氢化铝锂、氢化钠等自燃物，数量较大者应在防火实验室内操作；钾、钠操作时应防止与水、卤代烷接触。

④ 久置的有机化合物如醚、共轭烯烃等物质，容易吸收空气中的氧，生成易爆的过氧化物，需特殊处理后方可使用。

⑤ 接触可引起燃爆事故的不相容物，如氧化剂与易燃物，不得一起研磨。过氧化钠、过氧化钾称量不得用纸。

⑥ 蒸馏或回流实验中，必须预先放置阻沸物（沸石、素瓷片，或一端封闭、适宜长度的毛细管等）。

⑦ 严禁向近沸液体中添加助沸物，应先移去热源，待液体冷却后再加，以免大量液体从瓶口喷出起火。

⑧ 蒸馏较大量易燃液体时，宜用恒压滴液漏斗不断加入，避免使用大蒸馏瓶，以减小燃烧的危险性。当所需馏分蒸出后，应停止蒸馏，防止蒸干、烧瓶烧破而发生事故。

⑨ 使用易燃溶剂重结晶时，应采用蒸汽浴、液浴或密闭电热板加热，用锥形瓶盛装，不得用烧杯。

（3）使用电气设备的防火措施

① 对实验室内的各类电气设备应严格管理，电气线路的敷设、电气设备的安装、保护和维修都应严格执行国家的有关规范。

② 有些电气设备功率较大，使用时应注意防止过载。接线应牢固，绝缘要良好，开关、导线均应符合要求，并宜使用单独的供电线路。

③ 经常使用易燃、易爆气体和液体的实验室的电气设施应达到整体防爆要求。

④ 电气设备及线路应及时检查和更新，避免带隐患（如短路）运行。

⑤ 使用时要按照仪器设备的正确操作步骤和注意事项进行，不得违规使用。

⑥ 对已老化的仪器设备，要尽快办理报废手续。

2.5.1.2　火灾事故的应急处置

（1）初起火灾事故的应急处置

扑灭初起火灾应在救人和疏散的前提下本着"先控制、后消灭"的战术原则进行。实验中一旦发生了火灾，切不可惊慌失措，要冷静处理、争分夺秒、正确判断、正确处理，立即组织人员扑救。对密闭条件较好的小面积室内火灾，在未做好灭火准备前，先关闭门窗，以阻止新鲜空气进入。要会报警、会使用消防设施扑救初起火灾，以及会自救逃生。

（2）火灾蔓延时采取的措施

如果火势已经蔓延，在场人员无力控制时，应采取措施制止火势继续蔓延，配合消防人员灭火。有可能发生喷溅、爆裂、爆炸等危险的情况下，应及时撤退。

（3）断绝可燃物

①将燃烧点附近能够成为火势蔓延的可燃物应尽快移走。液化气罐、油漆、各种油类、化工原料等易燃易爆物品更是首先要移走的对象。②关闭有关阀门，阻止流向燃烧点的可燃气体和液体，比如关闭煤气罐、液化气罐阀门等。③盛装可燃物的容器已经燃烧或受到火势威胁时，应赶快打开有关阀门，将容器中的可燃物料通过管道转移到安全地带。④火灾发生时，当盛装可燃液体的容器破裂、可燃液体流出并到处流淌时，应采用泥土或黄沙筑堤的方法，阻止流淌的可燃液体流向燃烧点。

（4）冷却

①向火场的燃烧点喷水或喷射其他灭火剂，这也是灭火时最常用的方法。②实验室如有消防给水系统（喷淋系统和灭火栓等），应使用这些灭火设施灭火。③根据着火物质性质和火灾类型选用合适的灭火器扑救。④对某些忌水化学品的着火，则切不可用水或水基型灭火剂进行扑救。

（5）窒息

①小容器内物质着火可用石棉或湿抹布覆盖灭火。较大的火灾应根据着火物质性质和火灾类型选用合适的灭火器扑救。②油浴锅着火时，立即盖上锅盖。③利用毯子、棉被、麻袋等浸湿后覆盖在燃烧物表面。④对忌水物质要用沙、土覆盖燃烧物。⑤衣服着火时应立即用水灭火，如没水源情况下，用湿毯子裹住身上着火的地方或者就地打滚，以熄灭燃烧的衣服，不应慌张跑动，否则会使火焰加大。

（6）扑打

对小面积的固体可燃物燃烧，火势较小时，可用扫帚、衣物等扑打。

（7）断电

带电电气设备火灾或电气线路着火，影响灭火人员安全时，首先要切断电源后再灭火。因现场情况及其他原因，不能断电需要带电灭火时，应使用黄沙、干粉灭火器或者卤代烷型灭火器灭火，不能使用泡沫灭火器或水灭火。

2.5.2 爆炸事故

爆炸是物质发生急剧的物理、化学变化，在较短时间和较小空间内释放出大量能量，产生高温，并放出大量气体，且伴随巨大声响的过程。常见的实验室爆炸事故主要为物理爆炸和化学爆炸，其造成的危害极大。因此，我们要采取措施，预防爆炸事故的发生，并学会爆炸事故发生时的应急处置方法。

（1）防爆措施

① 挥发性有机药品应存放在防爆冰箱或防爆药品柜内，要通风、避光、远离火源。室温过高，开启易挥发物试剂瓶时应设法冷却。

② 严禁将氧化剂与可燃物一起研磨。

③ 爆炸类物品应放在低温处保管，不得与其他易燃物放在一起。

④ 对有可能发生爆炸的实验，则使用通风橱、防护盾和护目镜等防护用品。

⑤ 易燃易爆气瓶应存放在装有报警装置的防爆气瓶柜中。

⑥ 禁止普通冰箱存放易燃易爆物品。

（2）爆炸的应急处置

① 立即卧倒或用手抱头迅速蹲下，以保护自己。

② 事故中发生人员伤亡，应拨打救援电话求救。

③ 抓紧扑灭现场火灾，根据火灾的不同类型，采取科学合理的灭火措施。

④ 及时转移受到火势威胁的易燃易爆物质或压力容器。

⑤ 爆炸后，听从专业人员指挥，避免因恐慌造成更大的伤亡。

2.5.3 化学品中毒事故

大多数化学品都有不同程度的毒性。一定条件下，较小剂量就能够对生物体产生损害作用或使生物体出现异常反应的外源化学物称为毒物。毒物经过三种途径进入生物体：吸入、食入、经皮吸收。生物体过量或大量接触化学毒物，引发组织结构和功能损害、代谢障碍而发生疾病或死亡者，称为中毒。中毒按其发生发展过程，可分为急性中毒、亚急性中毒和慢性中毒。

（1）预防措施

① 购买有毒化学品必须先履行相关的审批手续，具备合适的存放地点，并要"五双"管理，有使用台账。

② 有毒药品应严格按操作规程和规定限量使用。

③ 经常注意实验室通风，即使在冬季，也适时通风。

④ 使用气体吸收剂来防止有毒气体污染空气。

⑤ 手上如沾到药品，应用肥皂和冷水洗除，不宜用热水洗，禁止使用有机溶剂洗手。

⑥ 禁止在实验室内饮食或利用实验器具储存食品，严禁将餐具带进实验室，更不能用使用过的仪器作餐具。

⑦ 实验室须有良好的通风设备，一切能产生有毒气体的实验，必须在通风橱内进行。同时，戴上防毒口罩或防毒面具。

⑧ 有毒废物、废液要倒入指定容器内，经处理后再排放。

⑨ 皮肤上有破伤时应包扎后再进行实验，不能接触有毒物质，以免毒物经伤口进入体内。

⑩ 实验完毕要认真洗手，注意不能用热水洗手，防止皮肤上的毛孔张开而使毒物渗入。

（2）中毒事故的应急处置

① 对于口服毒物中毒者的施救。口服中毒时可根据情况选择催吐、洗胃、清泄与解药进行解毒，同时要立刻联系医疗机构并告知引起中毒化学品的种类、数量、中毒情况以及发生时间等有关情况。

口服中毒的一般应急处理方法：为了降低胃中毒物的浓度，降低毒物被人体吸收的速度并保护胃黏膜，可饮食牛奶、蛋清、面粉、淀粉、土豆泥以及水等。如果没有以上物品也可将约 50g 活性炭加入 500mL 水中充分摇动，给患者分次吞服。如患者清醒而又合作，宜饮大量清水引吐，亦可用药物引吐。对引吐效果不好或昏迷者应立即送医院用胃管洗胃。

口服强酸的现场急救处理：立刻饮服 200mL 0.17% 的氢氧化铝溶液，或 200mL 2.5% 的氧化镁悬浮液，或 200mL 的牛奶、植物油及水等迅速稀释毒物。禁止催吐、洗胃，以免消化系统穿孔。禁止服用碳酸钠或碳酸氢钠溶液，避免产生大量的二氧化碳使消化道穿孔。

口服强碱的现场急救处理：立即饮服 500mL 食醋稀释液（1 份醋加 4 份水）或鲜橘子汁将其稀释。然后再服食橄榄油、蛋清、牛奶等。急救时不要随意催吐、洗胃。

口服农药的现场急救处理：应及早采用催吐、洗胃、导泻或对症使用解毒剂等措施进行施救。有机氯中毒，应立即催吐，可用 1%～5% 的碳酸氢钠溶液或温水洗胃，随后灌入 60mL 50% 的硫酸镁溶液；禁用油类泻剂。有机磷中毒，一般可用 1% 的食盐水或 1%～2% 的碳酸氢钠溶液洗胃；禁用高锰酸钾溶液。

② 对于经皮肤吸收中毒者的施救。迅速脱去被毒物污染的衣物和鞋袜，立即用大量流动水冲洗 15～30min。如果皮肤已有破伤或毒物落入眼睛内，经水冲洗后，要立即送医院治疗。可用温水，但禁止用热水清洗。

③ 对于吸入性中毒者的施救。保持呼吸畅通，迅速脱离中毒现场并转移至室外，向上风向转移至新鲜空气处，松开中毒者衣领和裤带，使其仰卧并头部后仰，保持呼吸畅通。对休克者，立即送医院急救。

④ 若眼睛接触化学品，用大量水轻轻冲出眼中的化学品，眼睛保持睁开，或将脸浸入水中，重复做眨眼动作。若农药进入眼内，立即用淡盐水连续冲洗干净，有条件的话，可滴入 2% 可的松和 0.25% 氯霉素眼药水，严重疼痛者，可滴入 1%～2% 普鲁卡因溶液。

⑤ 对心跳、呼吸停止者，要进行人工呼吸和胸外心脏按压，迅速送往就近医院进行诊断治疗。

⑥ 应急人员一般应配置过滤式防毒面罩、防毒服装、防毒手套、防毒靴等。

2.5.4　触电事故

触电是泛指人体触及带电体。触电时电流会对人体造成头晕、心悸、面色苍白、四肢乏力、昏迷、抽搐、休克、呼吸停止甚至死亡等各种不同程度的伤害。实验室触电常常是违反操作规程，乱拉电线或者因设备设施老化等原因造成的。触电事故具有突发性的特点，在事故发生后的第一时间内组织抢险往往能将事故损失降至最低点。

（1）防触电措施

① 使用新的电气设备之前，首先应了解使用方法和注意事项，不要盲目接电源。

② 使用搁置时间长的电气设备，应预先仔细检查其绝缘情况，发现有损坏的地方，应及时修理，不得勉强使用。

③ 湿手（有水或汗）不可接触带电体，也不允许把电器、导线置于潮湿的地方，否则容易触电。

④ 各种电气设备均有其一定的使用范围，不可随便使用。比如导线应根据电流大小正确选择适宜的截面积；低压开关不可在高压电路上使用。否则会有烧毁电器和触电的危险。

⑤ 电气设备上的开关必须要控制火线，以使开关切断电源后电气设备不再带电。

⑥ 停止使用时，除关掉开关外，还应把插头拔下，以防开关失灵而长期通电，损坏电气设备。

（2）触电事故的应急处置

① 触电急救应"先断电后救人"。由于电具有看不见、摸不着、嗅不到的特性，救援措施不当极易使施救者也发生触电事故。因此，触电者未脱离电源前，救护人员不准用手直接触及伤员。

② 使伤者脱离电源方法：a. 切断电源开关；b. 若电源开关较远，应尽可能使用绝缘的工具帮助触电者脱离身上的电线或带电设备，如干燥绝缘的木棒、绳索、绝缘手套等；c. 可用几层干燥的衣服将手包住，或者站在干燥的木板上，拉触电者的衣服，使其脱离电源。

③ 触电者脱离电源后，根据受伤程度决定采取合适的救治方法。如神志清醒，应使其就地躺平，严密观察，暂时不要站立或走动；如神志不清，应就地仰面躺平，且确保呼吸道通畅，并于5s时间间隔呼叫伤员或轻拍其肩膀，以判定伤员是否意识丧失。如触电者心跳停止要采取体外心脏按压。对于呼吸困难或发生痉挛者，需进行人工呼吸等急救措施，直至救援车辆到达将触电者送往就近医院。

④ 若伤势较为严重应拨打120医疗急救电话，同时说明事故发生的类型、时间和地点、原因、性质、范围、严重程度、已采取的急救措施、事故报告的单位、报告人及通信联络方式等，同时派人等候在交叉路口处，指引救护车迅速赶到事故现场。在医务人员未接替救治前，现场人员应及时组织现场抢救。

⑤ 在应急救援过程中，应急人员必须做好自身安全防护措施。在将触电人员脱离带电设备前，应确认设备已断电，避免造成救援人员触电。

2.5.5 化学品泄漏事故

实验室中化学试剂的包装破损、实验设计或操作不当、突然断电以及其他突发事故等会引起危险化学品泄漏。危险化学品泄漏易造成环境污染、人体伤害或死亡，甚至造成火灾和爆炸等严重事故。因此，预防和处理化学品泄漏尤为重要。

（1）预防化学品泄漏措施

① 气瓶应放在通风、避光、远离热源的地方，安装报警装置，定期检查是否有气体泄漏。

② 确保盛化学品的容器有适合的盖子，并且密封要好。

③ 确保盛化学品的容器与容器内的化学品要相容，如不能将稀酸放在铁质的容器内。

④ 要定期检查包装有无腐蚀、凸起、缺陷和泄漏。

（2）化学品泄漏处置

当化学品泄漏事故不严重时，可参照以下方法进行处置：①当危险品发生泄漏后，立即向同实验室的人员示警。②当危险化学品发生泄漏后要避免明火，防止发生火灾和爆炸。③进入现场人员必须配备必要的个人防护器具，防止发生继发性损害。④少量液体泄漏用不可燃的吸收物质（如沙子、泥土、专用吸附垫）收集泄漏物，将收集的泄漏物放进防化垃圾袋中，扎好口袋，贴上有害废物标签，按照化学品废物进行处理。⑤发现可燃气体泄漏后，应迅速关闭阀门，打开窗户，迅速撤离。处理过程中不得开灯及使用电器，不得在现场打电话。⑥发现有毒气体泄漏后，立即做好个人防护（如用湿毛巾捂住口鼻、穿好防护服、戴好防护眼镜和手套）、关闭气阀、合理通风、疏散在场人员并撤离至上风方向，及时脱去被污染的衣服，立即进行冲洗，通知上级领导，如有人员伤亡应拨打 120 急救电话。⑦发现有不燃气体泄漏后，应迅速关闭阀门，打开窗户。

当化学品泄漏严重时，可采用围堵、稀释、覆盖、收容等方法，可参考以下措施进行处置：①迅速撤离泄漏污染区人员至上风处，建立警戒区并立即隔离，严格限制进入。②立即向应急处置小组进行汇报或报警。③应急处置小组成员在做好自身防护的基础上，快速实施救援，控制事故蔓延，并将伤员救出危险区，组织群众撤离，消除隐患。④配合有关部门，做好后续相关工作。

2.5.6　烧伤事故

烧伤是由热物质（火焰、蒸汽、热液体和热固体）、电流、化学物质和放射性物质等作用于人体所引起的损伤。按照烧伤的深度不同可分为Ⅰ度烧伤、浅Ⅱ度烧伤、深Ⅱ度烧伤和Ⅲ度烧伤。烧伤是实验室常见的事故之一，烧伤的急救办法应根据烧伤的原因及伤势分别处理。

（1）烧伤事故的防范措施

为了预防烧伤，在使用强氧化剂、强还原剂、强腐蚀性物质等化学品及火焰或者高温设备时，要做好以下几方面的防护：①在接触强酸、强碱等化学品时，要佩戴防护眼镜。②禁止直接用手接触化学药品或高温物品，除采用药勺和量具外，还要戴适合的防护手套。③尽量避免吸入任何药品和溶剂的蒸气。处理具有刺激性的、恶臭的和有毒的化学药品时，必须在通风橱中进行。通风橱开启后，不要把头伸入橱内，并保持实验室通风良好。④禁止在酸性介质中使用氰化物，以免形成氰化氢。⑤在用移液管移取溶剂或溶液时，禁止用口取代洗耳球。⑥实验时要穿防护服，禁止穿拖鞋或凉鞋进入实验室。

（2）烧伤事故的处置

① 迅速脱离致伤源。无论是热力烧伤还是化学烧伤，伤害都是首先从皮肤表面损伤开始，然后逐渐向皮肤深部及皮下组织逐渐发展的。如果能在烧伤后及时采取措施终止烧伤的发展，就能将损伤降至最低。因此，应该争分夺秒地采取终止继续烧伤的措施。反之，如果不做处理，就有可能导致严重的伤害。

对于热力烧伤，在被烫和被烧伤后要迅速降低损伤处皮肤温度。这时要立刻采取措施，就能把烧伤制止在初始状态。反之，如果惊慌失措，无以应对，那么烧伤肯定继续发展，造成严重得多的后果。最好的方法是迅速将损伤处浸泡于冷水中，或用自来水冲洗伤口以带走热量，再用剪刀剪开并除去衣物，尽可能避免将水泡皮剥脱。

对于化学性眼灼伤，迅速在现场使用洗眼器，或直接用流动清水冲洗，冲洗时眼皮一定要掰开；如无冲洗设备，可把头埋入清洁水盆中，掰开眼皮，转动眼球洗涤或不断眨眼。当强酸（如硫酸、硝酸、盐酸等）及强碱溶液被泼到衣物和皮肤上时，应立即脱去沾染化学品的衣物，并应立即用水快速、大量、反复冲洗，以减轻强酸、强碱的腐蚀性，就能避免严重烧伤。即使已经造成了烧伤，也能把烧伤的程度减轻！对化学烧伤还可采用中和剂冲洗，如强酸烧伤用弱碱性的小苏打水或碱性肥皂水冲，强碱烧伤用醋兑水冲洗，但如果身边无中和剂，不要费时去找，要尽快用水冲洗。生石灰烧伤时，应用干布先擦掉生石灰后，再用水冲洗。磷烧伤要用大量水冲洗浸泡，用多层湿布包扎创面，禁止用油质敷料包扎以防止磷自燃。

电烧伤：可在切断电源的基础上，按火焰烧伤进行处理。

② 保护烧伤创面。这是烧伤现场急救自救的重要一环，它直接影响着患者入院后的进一步治疗，对患者能否早日痊愈有直接关系。要注意以下几点：a. 小水疱可以自行吸收；大水疱留给医生处理，不要自行挑破水疱，否则可能造成伤口感染。b. 对Ⅱ度以内的小面积烧伤和烫伤不用包扎；对大的创面，仅用干净的床单或布覆盖即可，还可用干净的塑料食品袋或厨房的保鲜膜等物覆盖，以减少二次污染；对于污染较重的创面，可以先用清水（如自来水、瓶装饮用水等）冲洗。c. 涂抹烫伤药物。如果烧伤处没有皮肤破损，可以自己涂抹任何治疗烫伤的市售药物，如各种烧伤膏等。有皮肤破损者严禁自行涂抹任何药物，尤其是带颜色的药物，如紫药水、红药水等。涂这些药物不仅于事无补，而且还会掩盖病情，给医生的后续治疗带来极大的麻烦。

2.5.7　割伤事故

在使用锋利工具、装配或拆卸玻璃仪器装置时，不小心致使锐器（如剪刀、刀片、玻璃）等作用于人体导致肌肤破损，造成割伤事故。

（1）割伤的预防

① 安装能发生破裂的玻璃仪器时，要用布片包裹。

② 往玻璃管上套橡皮管时，最好用水或甘油浸湿橡皮管的内口，一手戴线手套慢慢转动玻璃管，不能用力过猛。

③ 如切割玻璃管（棒）及给瓶塞打孔时，要做好个人防护，以免造成割伤。

④ 容器内装 0.5L 以上溶液时，移动时应托住容器底。

（2）割伤处理

应根据割伤的部位、伤口的深浅、伤口里是否有锐器等情况进行对应处理。

① 伤口浅时可用淡盐水、清水等冲洗伤口后，用酒精或碘酒进行局部消毒，最后贴上创可贴或用消毒的纱布对伤口进行包扎。如有异物须先去除异物。

② 伤口深且小时，应先去除异物，用双手拇指将伤口内的血挤出，用双氧水彻底冲洗伤口，随后用酒精或碘酒进行局部消毒，并用消毒的纱布对伤口进行包扎然后送医院处理，切忌在伤口上涂抹油性药膏封闭伤口。切不可因为伤口小而不处理，要防止破伤风。

③ 伤口深且大时，应立即用止血带在靠近伤口 10cm 处压迫止血，可隔 5min 放松一次，放松 1min 再捆扎起来，使伤口停止流血并应尽快送医院治疗。如果受伤部位在四肢可通过抬高受伤部位减少出血。严禁用铁丝、电线等代替止血带以免勒伤组织。

2.6　实验室废弃物处置

实验室中会产生废渣、废液、废气（"三废"），其中以废液的排放量最大。不少实验室对实验过程中产生的废弃物未经任何处理，将废液和废渣直接排入下水道或垃圾堆中，废气直接排放到大气中。这些排放物中有不少含有很多剧毒、致突变、致畸形、致癌的物质，其成分是复杂的，有的甚至具有隐蔽性，不仅会直接损害人身体健康，还会造成环境污染，对社会造成不可估量的危害。因此，实验室不但要有安全处理、处置有毒有害物质和废弃物的措施和程序，而且还要保存相关处理、处置记录。

2.6.1　废气处理

在进行一般实验时，对产生的较少有害气体，处理方法是打开窗户，使室内空气得到及时更新，减小对实验操作人员的身体健康的影响。在进行可能产生强烈刺激性或毒性较大气体的实验时，实验操作必须在通风橱中进行，通风管道应有一定高度，使排出的气体易被空气稀释，同时要保证实验室内通风良好。毒气量大时，不可以通过排风设备排出室外，必须先经过吸收等处理装置处理后再排出。如二氧化硫等酸性气体，用碱液吸收，分解处理，方可排放。

2.6.2　废液处理

化学实验室废液产量大，处理任务重，是"三废"处理中的重要环节。处理废液时要注意以下几点：

① 必须遵循兼容相存的原则（如：无机、有机分类；无机酸、碱分类等）分类收集。将废弃物的详细信息（如废弃物的成分、危险性质、收集日期、负责人等）填写在废液收集单上，贴在废液桶上，交由废液室回收处理。

② 严禁将实验过程中产生的各种废液直接倒入下水道，以免引起燃爆事故。

③ 倒入废液后立即将桶盖盖好，以防挥发和溢出。如有溅散，应立即用吸附棉或吸附剂吸除。

④ 废液桶要远离火源、电源、气源，要安全存放，严禁随意摆放。

⑤ 废液桶存放 4/5 时更换新桶，不能装满。

⑥ 空试剂瓶和废液交给废液室后，由有资质的环保公司统一处理。

2.6.3　废渣处理

对固体废弃物的处理，与废液处理类似，需根据其性质进行分类收集处理，禁止随意混合存放。需特别注意如下几方面：

① 沾有有害物质的滤纸、包药纸、棉纸与废活性炭及塑料容器等东西，要分类收集、交回，严禁随其他废物丢弃。

② 废弃不用的药品要交还仓库保存或用合适的方法处理掉。

③ 废弃玻璃物品单独放入纸箱内，要分类收集、交回，严禁随其他废物丢弃。

④ 废弃注射器针头统一放入专用容器内，要分类收集、交回，严禁随其他废物丢弃。

⑤ 干燥剂和硅胶可用垃圾袋装好后，放入带盖的垃圾桶内。

⑥ 其他废弃的固体药品包装，集中放入纸箱内交回，由专业回收公司处理（剧毒、易爆危险品要先预处理）。

第3章

高分子材料实验基本操作

在高分子材料合成实验过程中，对参与聚合反应的单体、引发剂以及其他各种助剂的纯度都有严格要求。未经提纯处理过的单体、引发剂和助剂往往不能直接用于聚合反应，这是由于未经提纯处理的单体、引发剂和助剂往往含有一定的杂质或水分，它们的存在会严重影响聚合反应的正常进行。即使微量的杂质或水分存在也会对聚合反应产生明显影响，轻者聚合反应不完全，重者难以引发聚合反应甚至完全不聚合。因此，在高分子材料实验进行前，必须对参与反应的单体、引发剂及其他各种助剂进行精制提纯。

3.1 常用单体的精制

在高分子材料实验中，常用单体在进行聚合前均需要精制提纯，未经处理的单体一般不能直接应用于聚合反应。这是由于单体原料的纯度对聚合反应影响巨大，即使单体中含有质量分数 0.0001%～0.01% 的杂质也会对聚合反应产生严重影响。目前，常用单体的杂质来源是多方面的。以常用的乙烯类单体为例，杂质可能由以下几种原因造成：

① 单体合成制备过程中产生的副产物。例如：苯乙烯合成中产生的乙苯，乙酸乙烯酯生产中产生的乙醛等副产物。

② 单体在存储、运输过程中防止自聚和其他副反应而加入的阻聚剂。通常这些阻聚剂为酚类和醌类化合物。

③ 单体在存储或转移运输过程中自身氧化、分解或聚合反应的生成物。例如：苯乙烯单体中形成的苯乙醛，双烯类单体中形成的过氧化物等杂质。

④ 单体在存储或处理过程中引入的杂质。例如：存储单体的容器中引入的微量杂质等。

单体提纯精制的方法主要有蒸馏（如常压蒸馏、减压蒸馏、分馏等）、重结晶、升华以及色谱分离等方法。单体提纯选用哪类提纯精制方法，要依据单体的类型、可能含有的杂质以及后续开展的聚合反应类型来综合考虑。单体的种类以及杂质类型不同，其适用的提纯方法也不尽相同。并且，不同的聚合机理对单体的纯化要求也有所区别，即不同的聚合反应对单体所含杂质的浓度和类型等均有不同的要求。固体单体纯化方法通常为重结晶和升华（例如：双酚 A 选用甲苯重结晶，丙烯酰胺可以选用三氯甲烷、丙酮、甲醇等有机溶剂进行重结晶）。液态单体通常选用减压蒸馏，惰性气体保护下分馏纯化，以及色谱分离。多数提纯后的单体需要避光及低温条件下存储。若需要长时间存储，则需要避光、惰性气体保护、低温存储。

（1）苯乙烯

苯乙烯为无色或浅黄色透明液体，沸点为 145.2℃，密度为 0.9060g/cm³，折射率

$n_D^{20}=1.5469$，不溶于水，可溶于大多数有机溶剂。商品化的苯乙烯为了防止自聚，一般会添加阻聚剂便于存储和运输。苯乙烯中所含的阻聚剂有对苯二酚或 4-叔丁基邻苯二酚等，所以在聚合使用前必须将阻聚剂除去。

苯乙烯精制方法如下：在 250mL 分液漏斗中加入 150mL 苯乙烯，并用质量分数 5%～10% 的氢氧化钠水溶液反复洗涤数次，每次用量 30mL，直至水层无色。再用去离子水洗至中性，并加入适量干燥剂（如无水氯化钙、无水硫酸镁等）干燥处理。初步干燥后的苯乙烯可以直接进行减压蒸馏，收集到的苯乙烯单体可以用于自由基聚合等要求不高的聚合场所。干燥处理后的苯乙烯，加入无水氢化钙，密闭条件下搅拌处理 5h，再经减压蒸馏，精制获得的苯乙烯单体可以用于离子聚合等要求较高的聚合场所。

苯乙烯在不同压力下的沸点，如表 3-1 所示。

表 3-1　苯乙烯的沸点与压力关系

沸点/℃	18	30.8	44.6	59.8	69.5	82.1	101.4	122.6	145.2
压力/mmHg	5	10	20	40	60	100	200	400	760

注：1mmHg=133.322Pa。

（2）甲基丙烯酸甲酯

甲基丙烯酸甲酯是一种重要的化工原料，它可以广泛用于制造有机玻璃、塑料、树脂、涂料、润滑油添加剂、黏合剂、木材浸润剂、纺织印染助剂、皮革处理剂、印染助剂和绝缘灌注材料等。纯净的甲基丙烯酸甲酯为无色透明的液体，沸点 100.3℃，密度 0.937g/cm³（20℃），折射率 $n_D^{20}=1.4138$，微溶于水，可溶于乙醇、乙醚、丙酮等多种有机溶剂。商品甲基丙烯酸甲酯为了存储运输，往往加入少许阻聚剂（如对苯二酚等）而呈现黄色。在聚合实验中往往需要精制提纯甲基丙烯酸甲酯，具体方法如下：

首先，选择 500mL 分液漏斗，并将 250mL 甲基丙烯酸甲酯加入其中，用 5%～10% 氢氧化钠水溶液反复洗涤数次（每次用量为 40～50mL），直至无色。再用去离子水洗至中性（pH 试纸检测呈中性即可），并加入无水氯化钙或无水硫酸钠进行干燥。然后，在氢化钙存在下进行减压蒸馏，收集精制后的单体。上述方法也适用于其他丙烯酸酯类单体的精制提纯。

甲基丙烯酸甲酯在不同压力下的沸点见表 3-2。

表 3-2　甲基丙烯酸甲酯的沸点与压力关系

沸点/℃	10	20	30	40	50	60	70	80	90	100.6
压力/mmHg	24	35	53	81	124	189	279	397	547	760

（3）丙烯酰胺

丙烯酰胺是一种不饱和酰胺，其单体为白色晶体物质，沸点 125℃，熔点 82～86℃，密度 1.122g/cm³。易溶于水、乙醇、乙醚等溶剂，不溶于苯及庚烷等溶剂。丙烯酰胺为固体单体，易溶于水，不能采用蒸馏方法进行精制，但可以选择重结晶方法进行提纯。丙烯酰胺重结晶过程如下：将丙烯酰胺单体 55g 溶解于 40℃ 的 20mL 蒸馏水中，并将丙烯酰胺溶液放置于冰箱中深度冷却，待丙烯酰胺白色晶体析出后，迅速采用布氏漏斗过滤。收集的样品自然晾干，再于常温、真空干燥 24h 待用。其他固体烯类单体均可以采用上述重结晶方法进行精制提纯。

（4）乙酸乙烯酯

乙酸乙烯酯也称为醋酸乙烯酯，主要用于生产聚乙烯醇树脂和合成纤维，能够与多种单体共聚形成不同性能的高分子合成材料。纯净的乙酸乙烯酯本身是无色透明液体，沸点 72.5℃，密度 0.9342g/cm³，折射率 $n_D^{20}=1.3956$。通常为了更好地存储乙酸乙烯酯，商品化产品中都会添加 0.01%～0.03% 的对苯二酚阻聚剂，防止单体发生自聚。此外，乙酸乙烯酯自身含有少量的酸、水分及其他杂质等。因此，在聚合反应前需要对乙酸乙烯酯进行精制提纯，其精制提纯过程如下：首先，量取 300mL 乙酸乙烯酯并放置于 500mL 的分液漏斗中，用饱和亚硫酸氢钠溶液充分洗涤 3 次（每次洗涤用量约 60mL），用去离子水洗 3 次（每次洗涤用量约 60mL），再用 60mL 饱和碳酸钠溶液洗涤 3 次，然后用蒸馏水洗至中性。将洗净后的乙酸乙烯酯转移至干净的试剂瓶中，并加入无水硫酸钠干燥处理。将干燥处理后的乙酸乙烯酯于精馏装置中进行精馏，在精馏过程中为了防止乙酸乙烯酯的暴沸和自聚，需要在蒸馏瓶中加入几粒沸石和少许阻聚剂对苯二酚，收集 72.5℃ 的馏分并测定其折射率。

（5）丁二烯

一般说的丁二烯主要指的是 1,3-丁二烯，它是一种无色气体，室温条件下具有特殊甜感芳烃气味。沸点 −4.4℃，密度 0.621g/cm³，折射率 $n_D^{-25}=1.4293$。微溶于水，易溶于丙酮、乙醚、氯仿等有机溶剂。它是制备合成橡胶、合成树脂、合成纤维等的重要原料之一。丁二烯是非常不稳定的聚合单体，易与空气中的氧或其他氧化物接触发生反应，形成过氧化聚合物等爆炸性混合物。因此，在丁二烯单体中加入抗氧化剂叔丁基邻苯二酚阻止氧化反应的发生。过氧化聚合物通常在 27℃ 条件下相对比较稳定。因此，丁二烯单体的储存温度宜低于 27℃。丁二烯单体纯化过程主要利用它自身是气态的特点。在冰盐水浴中安装一个能够吸收乙烷气体的吸收瓶装置，待整个溶剂温度降到丁二烯气体分子的沸点后，通入丁二烯气体进行吸收纯化。

3.2　常用引发剂的精制

（1）偶氮二异丁腈

偶氮二异丁腈（AIBN）是一种广泛使用的引发剂。一般都含有少量杂质和水分，而且在储藏过程中会发生分解，导致纯度降低。因此，AIBN 作为引发剂引发聚合反应，常需要提纯精制。偶氮双腈类引发剂通常是固体物质，常用重结晶法提纯这类引发剂。AIBN 的精制主要选用低级醇，例如：甲醇、乙醇等。由于甲醇溶剂有毒，故多选用乙醇作为提纯溶剂。具体精制方法如下：在安装有回流冷凝管的 150mL 锥形瓶中加入 50mL 95% 的乙醇，水浴加热至接近沸腾，并迅速加入 5g 偶氮二异丁腈，快速振荡使其完全溶解，趁热迅速过滤（注意：过滤所选用的漏斗和吸滤瓶须提前预热），待滤液冷却后可得到白色结晶 AIBN。白色结晶产品放置于干燥器中干燥，称重，并将产品放置在棕色瓶中低温存储备用。

（2）过氧化苯甲酰

过氧化苯甲酰（BPO）为白色结晶性粉末，其提纯常选用重结晶法。BPO 在各种溶剂中的溶解度见表 3-3。乙醚，丙酮，氯仿，苯等溶剂对 BPO 均有相当的溶解度，均可作为 BPO 重结晶的溶剂。通常选用氯仿作为溶剂，选用甲醇作为沉淀剂进行提纯精制。BPO 只能选择在室温氯仿中溶解，高温溶解容易引起爆炸。具体提纯过程如下：在室温条件下，向 100mL 烧杯中加入 20mL 氯仿和 5g BPO，并缓慢搅拌使之溶解，过滤除去杂质后，收集到的滤液直接滴入 50mL 甲醇中，并用冰盐浴冷却促使结晶完全，获得白色针状结晶。选用布氏漏斗过滤，再用冷的甲醇洗涤，抽干。重结晶两次后，结晶产品放置于干燥器中干燥，称重。最终精制的 BPO 放置于棕色瓶中，存于干燥器中备用。

表 3-3　BPO 在不同溶剂中的溶解度

溶剂	溶解度/(g/mL)	溶剂	溶解度/(g/mL)
石油醚	0.005	丙酮	0.146
甲醇	0.013	苯	0.164
乙醇	0.010	氯仿	0.320
甲苯	0.110	乙醚	0.060

注意：重结晶 BPO 时要控制溶解温度，温度过高会引起爆炸。如考虑甲醇有毒，可选用乙醇作为沉淀剂。丙酮和乙醚对过氧化苯甲酰有诱发分解作用，故不适合作重结晶的溶剂。

（3）过硫酸钾或过硫酸铵

在过硫酸盐类化合物中，硫酸氢钾（或铵）或者硫酸钾（或铵）为主要杂质，通常可采用少量水反复重结晶提纯过硫酸盐类化合物。具体提纯方法如下：将过硫酸盐于 40℃ 水中溶解，过滤。滤液用冰冷却，滤出结晶产品，并以冰水洗涤至用 $BaCl_2$ 溶液无法检出 SO_4^{2-} 为止。获得的白色晶体置于真空干燥器中干燥，称重，放置于棕色瓶中低温存储备用。

（4）三氟化硼乙醚配位化合物

三氟化硼乙醚配位化合物通常为无色透明液体，沸点 46℃ （1.33kPa），折射率 $n_D^{20} =$ 1.348，易接触空气被氧化。通常采用减压蒸馏进行精制，具体精制方法如下：在 500mL 商品三氟化硼乙醚配位化合物中加入乙醚 10mL 和氢化钙 2g，并进行减压蒸馏。

（5）四氯化钛

四氯化钛为无色或浅黄色液体，有刺激性酸味，其密度 1.726g/cm³，沸点 136.4℃。在潮湿空气中易反应生成二氧化钛和氯化氢。四氯化钛中通常含有 $FeCl_2$，可加入铜粉加热反应，过滤后，滤液减压蒸馏。

3.3　常用溶剂的纯化

在高分子材料实验中，大多数聚合反应均会涉及溶剂的使用。因此，溶剂的选择往往会影响整个聚合反应结果。通常溶剂的选择会主要考虑以下几个方面：①溶解性，包括对聚合反应单体、引发剂以及聚合产物的溶解性；②反应活性，即溶剂尽可能不参与反应，避免副反应发生或产生其他不良影响，如聚合反应速率或聚合物微观结构的改变；③尽量选择无毒无害的良溶剂，而且廉价易得，便于回收精制、存储和运输等。

在各种聚合反应中，由于聚合机理各不相同，因此对聚合反应所用溶剂的要求也不相同。对于自由基聚合和逐步聚合反应，普通分析纯溶剂均可满足聚合需求，而对于乳液聚合和悬浮聚合等可选用蒸馏水作为反应介质。离子型聚合反应对溶剂选择要求较高，必须对溶剂进行精制和干燥处理，做到完全无水、无杂质。

（1）蒸馏水

蒸馏水的精制可选用蒸馏装置对普通蒸馏水进行多次蒸馏纯化。通常在全部磨口的蒸馏装置中加入 1L 蒸馏水，每升一次蒸馏水中加入 0.5g NaOH、0.2g $KMnO_4$ 加热进行蒸馏，取中间的蒸馏组分获得二次蒸馏水。向二次蒸馏水中加入数滴硫酸，采用相同方式进行蒸馏获得三次蒸馏水。

（2）乙醇

乙醇沸点 78.3℃，折射率 $n_D^{20}=1.3616$，密度为 $0.7893g/cm^3$。普通乙醇含量为 95％，由于乙醇与水容易形成恒沸物，不能用一般分馏方法除去水分，需用脱水剂脱水后再进行蒸馏提纯，初步脱水常选用生石灰，具体方法如下：在 100mL 普通乙醇中加入 20g 生石灰，并加入 1g NaOH，回流 1h（回流冷凝管口处需安装氯化钙干燥管），然后蒸馏，收集99.5％的乙醇。

若需要绝对无水乙醇，可对 99.5％的乙醇再进行提纯处理。纯化方法如下：①在 1L 圆底烧瓶中加入 99.5％的乙醇（30mL）、干燥洁净镁条（2～3g）和碘（0.3g），并装上回流冷凝管（回流冷凝管口处附加一只氯化钙干燥管），水浴加热，保持微沸，待镁条完全溶解后，将 500mL 99.5％的乙醇加入，并继续加热回流 1h，然后蒸馏出乙醇，并收集到干燥洁净瓶内。此方法可获得质量分数为 99.95％的乙醇。②采用金属钠除去乙醇中微量的水分，然后蒸馏可获得无水乙醇。将金属钠（1.4g）放置在 200mL 99％的乙醇中，并加入高沸点的邻苯二甲酸二乙酯，再进行回流处理 30min，蒸馏出乙醇。

（3）丙酮

丙酮沸点 56.3℃，折射率 $n_D^{20}=1.3586$，密度 $0.789g/cm^3$。目前商品化丙酮试剂纯度较高，通常含有少量水、甲醇、乙醛等还原性物质。其纯化方法如下：取 250mL 丙酮，加入 $KMnO_4$ 2.5g 进行回流直至紫色不褪去，然后进行丙酮蒸出，加入无水硫酸钙或碳酸钾干燥，过滤后蒸馏收集 55～56.5℃的馏分。

（4）正己烷

正己烷是一种无色挥发性液体。沸点 68.7℃，折射率 $n_D^{20}=1.3748$，密度 $0.6578g/cm^3$，易挥发，易燃烧。正己烷不溶于水，但能与醇、醚等有机溶剂混合。正己烷通常含有烯烃和高沸点杂质。常用纯化方法是选用浓硫酸洗涤正己烷数次，再采用 0.1mol/L $KMnO_4$ 的 10％ H_2SO_4 溶液洗涤，再以 0.1mol/L $KMnO_4$ 的 NaOH 溶液洗涤中和，最后水洗至中性，干燥后经蒸馏收集正己烷。

（5）苯

苯是一种无色、易挥发、易燃的液体，具有强烈的芳香气味。苯的常压沸点为 80.1℃，折射率 $n_D^{20}=1.5011$，密度为 $0.879g/cm^3$。它难溶于水，易溶于乙醚、乙醇等有机溶剂。一般纯度级别的苯中常含有噻吩（沸点 84℃），采用蒸馏方法很难将噻吩除去。因此，对苯进行精制纯化可采用下述方法：利用噻吩比苯更容易磺化的特点，将普通苯试剂用其体积10％的浓硫酸进行反复振荡洗涤，至酸层颜色呈无色或微黄色，并检验试剂中是否还含有噻吩。检验噻吩方法：取处理过的苯试剂 3mL，与 10mL 靛红-浓硫酸溶液（1g/L）混合，静置片刻后，若噻吩存在，则溶液呈浅蓝色。分出苯层，选用蒸馏水、10％碳酸钠溶液依次洗涤，再用蒸馏水洗涤至中性，用无水 $CaCl_2$ 干燥 1～2 周后，分馏获得精制的苯试剂。对于应用到离子聚合的苯试剂，则需进一步精制，向初步干燥的苯中加入钠丝进一步干燥，并采用高纯氮保护下密闭保存待用。

（6）甲苯

甲苯沸点 110.6℃，折射率 $n_D^{20}=1.4969$，密度 0.8669g/cm³。甲苯为无色澄清液体，有苯样气味。它微溶于水，能与乙醇、乙醚、丙酮、氯仿等多种有机溶剂混溶。甲苯常含有甲基噻吩，其纯化精制过程与苯相同。但由于甲苯更容易被浓硫酸磺化，所以在采用浓硫酸洗涤甲苯时需控制洗涤温度在 30℃ 以下。

（7）四氢呋喃

四氢呋喃沸点 66℃，折射率 $n_D^{20}=1.4050$，密度 0.8892g/cm³。它是一种无色、可与水混溶、在常温常压下有较小黏稠度的有机液体。具有乙醚气味，易燃烧，其蒸气能与空气形成爆炸性过氧化物。四氢呋喃存储时间长时容易产生过氧化物，其纯化方法如下：用固体 KOH 干燥四氢呋喃数天，过滤，进行初步干燥；向四氢呋喃试剂中加入新制的氯化亚铜，进行回流处理除去溶剂中的过氧化物，并蒸馏出四氢呋喃；加入钠丝，以二苯甲酮为指示剂加热回流至深蓝色，蒸馏收集馏分待用。

（8）N,N-二甲基甲酰胺

N,N-二甲基甲酰胺是一种无色透明液体，其沸点 153℃，折射率 $n_D^{20}=1.4304$，密度 0.9487g/cm³。它是一种用途很广的优良溶剂，能与水及除卤化烃以外多数有机溶剂任意混合，并对多种有机化合物和无机化合物均有良好的溶解能力和化学稳定性。目前，市售的 N,N-二甲基甲酰胺通常含有水、胺、甲醇等杂质，其精制纯化方法如下：向 N,N-二甲基甲酰胺试剂中加入无水硫酸镁，干燥 24h，再加入 KOH 固体振荡溶剂，然后蒸馏收集馏分，避光储存。

（9）三氯甲烷

三氯甲烷是一种无色、透明、易挥发液体，有特殊气味，味甜。其沸点 61.3℃，折射率 $n_D^{20}=1.4455$，密度 1.4984g/cm³。它不易溶于水，但能与乙醇、苯、乙醚、石油醚、四氯化碳等多种有机溶剂混溶。市售的三氯甲烷通常含有少许乙醇，其纯化精制过程如下：用相当于三氯甲烷体积 5% 的浓硫酸、蒸馏水、稀 NaOH 溶液和蒸馏水依次洗涤，用无水氯化钙干燥处理，再蒸馏获得精制的三氯甲烷，并装于棕色瓶中避光存放于阴凉处。

（10）四氯化碳

四氯化碳是一种无色、透明、易挥发液体，具有特殊的芳香气味。在常温常压条件下沸点 76.8℃，折射率 $n_D^{20}=1.459$，密度 1.595g/cm³。不燃烧，微溶于水，易溶于多数有机溶剂。目前市售的四氯化碳试剂中多含有 CS_2（约 4%），其纯化精制方法如下：将 1L 的四氯化碳与相当于 CS_2 含量 1.5 倍的 KOH 溶液置于等量的蒸馏水中，再加入乙醇 100mL，振荡 0.5h，然后分离出四氯化碳；先水洗，再用少许浓硫酸洗至无色，最后水洗至中性；采用无水 $CaCl_2$ 干燥后蒸馏获得精制的四氯化碳。

（11）二甲亚砜

二甲亚砜是一种含硫的有机化合物，它在常温下为无色无臭的透明液体，是一种吸湿性的可燃液体。与水能够混溶，能溶于乙醇、丙醇、苯和氯仿等大多数有机物。在常温常压条件下二甲亚砜的沸点 189℃，折射率 $n_D^{20}=1.4783$，密度 1.0954g/cm³。目前市售的二甲亚砜多含有水（约 1%），通常其纯化需要先经过减压蒸馏处理，再选用 4A 型分子筛干燥；或者选用氢化钙粉体处理二甲亚砜 4~8h，再采取减压蒸馏收集 64~65℃ 的馏分获得精制纯化的二甲亚砜（注意：减压蒸馏二甲亚砜时，温度不宜超过 90℃，否则易发生化学反应生成二甲硫醚和二甲砜）。

（12）乙酸乙酯

乙酸乙酯是一种低毒性、有甜味、易挥发的无色澄清液体。乙酸乙酯能溶于水，易与氯仿、乙醇、丙酮和乙醚混溶。在常温常压条件下乙酸乙酯的沸点77℃，折射率 $n_D^{20} =$ 1.3720，密度 0.8946g/cm³。商品乙酸乙酯中常见的杂质为水、乙醇和乙酸等。目前常用的纯化方法：将乙酸乙酯加入分液漏斗中，依次加入质量分数5%的碳酸钠溶液和饱和氯化钙溶液，洗涤，静置分层后分出乙酸乙酯层；用无水硫酸镁或硫酸钙进行干燥处理，并选用活化后的4A型分子筛进一步干燥精制出乙酸乙酯。

3.4　常用实验装置

在高分子材料实验过程中，从最初原料试剂的精制提纯，到高分子聚合反应以及最后聚合产物的分离提纯，整个实验过程都离不开一些基本化学实验操作。例如：常用单体和溶剂的精制提纯往往需要蒸馏处理，有时还需要减压蒸馏；高分子合成往往需要加热、搅拌以及惰性气体保护条件下进行聚合反应；聚合产物的分离与提纯往往需要溶解、沉淀、洗涤等。因此，有必要对高分子材料实验中基本实验操作和简单的实验装置进行介绍。

3.4.1　试剂提纯装置

蒸馏是一种热力学的分离工艺，它是先将液体加热汽化，同时将汽化产生的蒸气通过冷凝液化并收集的过程。蒸馏又可分为常压蒸馏、减压蒸馏、分馏和水蒸气蒸馏。在高分子材料实验中，蒸馏方法主要针对单体的精制，溶剂的提纯与干燥，以及聚合物溶液的浓缩等，依据被蒸馏物质的沸点以及实验自身需求可选择不同的蒸馏方法。

（1）常压蒸馏

常压蒸馏，也称为简单蒸馏，是蒸馏时液体所承受的压力为一个大气压的蒸馏。它可广泛应用于提纯化合物以及分离混合物，其主要作用是：①分离沸点相差比较大且不形成共沸物的液体混合物；②除去液体中低沸点或高沸点杂质，进行化合物提纯；③测定液体沸点等。蒸馏的基本原理是：由于分子运动，液体分子有从液体表面溢出的倾向，而且这种倾向随着环境温度的升高而增大。当液体置于密闭体系中，液体分子会不断溢出而在液体上部形成蒸气。当分子从液体溢出的速度与分子从蒸气返回到液体中的速度相等时，使得液体表面上的蒸气保持一定压力并达到饱和，此时液面的压力称为饱和蒸气压。液体的蒸气压大小仅与温度有关，即液体在一定温度下具有一定的蒸气压，它的大小与体系中存在的液体和蒸气的绝对量无关。通常情况下，当液体的蒸气压增大到与外界施于液面的总压力（通常是指大气压力）相等时，大量气泡会从液体内部溢出，液体沸腾，此时的温度为液体的沸点。常压蒸馏就是将液体加热至沸腾，使液体变成蒸气，然后使蒸气通过冷凝液化并收集的联合操作过程。

图3-1是常用的蒸馏装置。蒸馏装置由烧瓶、蒸馏头、温度计、冷凝管、接液管和收集瓶组成。热源可以选用煤气灯，也可以用水浴、油浴加热等。由于蒸馏装置出口处与大气相通，可能会溢出馏液蒸气。特别是蒸馏易挥发的低沸点液体时，需要将接液管的支管连接上橡皮管，通向水槽或室外，并在支管口上安装干燥管起到防潮作用。当蒸馏沸点在140℃以上的液体时，可以用空气冷凝管。

图 3-1　蒸馏装置

蒸馏的基本操作是：

① 仪器的选择与安装。依据被蒸馏液体的体积选择合适的蒸馏瓶，一般液体体积不超过蒸馏瓶的 2/3，不低于 1/3。整个仪器安装遵循自下而上、从左至右的原则。依据热源高低，先固定蒸馏瓶，再依据被蒸馏液体的沸点选择合适的冷凝管，并接通冷凝水的橡皮管，固定冷凝管在铁架台上，然后与蒸馏头支管接通。最后接上接液管和收集瓶。整个实验装置要求从侧面或正面观察必须在同一个平面。常压蒸馏装置必须与大气相通，不能密闭，否则容易加热后发生爆炸。温度计的位置应处于蒸馏头的中心线上。

② 投料、加沸石。安装完蒸馏装置后，蒸馏液体可选用长颈漏斗加入，再加入几粒沸石，防止暴沸。

③ 加热。若选用水冷凝，需先接通冷凝水，再开始加热。

④ 观察沸点，收集蒸馏液。

⑤ 蒸馏完毕，拆除装置。应先停止加热，然后停止通水，再拆除装置。拆除装置顺序与安装顺序相反，先取下接收瓶，再拆除接液管、冷凝管等。

（2）减压蒸馏

在高分子实验中，常用的烯类单体沸点比较高，例如苯乙烯沸点为 145℃，甲基丙烯酸甲酯沸点为 100.3℃，这些高沸点的烯类单体在较高温度下容易发生热聚合。因此，不宜采用常压蒸馏进行精制提纯。高沸点的溶剂进行常压蒸馏也比较困难，一般降低压力可使溶剂沸点降低，在较低温度下蒸馏出溶剂。因此，减压蒸馏经常用于高分子材料实验中。

减压蒸馏装置通常由蒸馏装置、真空泵、保护检测装置三部分组成。减压蒸馏在大多数情况下在蒸馏瓶上安装克氏蒸馏头，并在蒸馏头直口处直接插入毛细管鼓泡装置。毛细管长度恰好使下端管口距离蒸馏瓶底 1～2mm，上端连接一段带螺旋夹的乳胶管。通过螺旋夹调节进入蒸馏系统空气的量，使少许空气进入液体，呈微小气泡冒出，代替沸石作为液体沸腾的汽化中心，防止液体暴沸，可使蒸馏平稳进行。减压蒸馏装置的磨口处均应涂上一层真空脂提高密闭性。接收容器可采用蒸馏瓶，不可选用平底烧瓶或锥形瓶。由于待蒸馏物沸点不同，减压蒸馏的真空度也各异。实验室中真空的获取可以通过真空泵，通常选用水泵或油泵来实现减压。对要求不高的低真空，一般可选用水泵。当水源温度在 3～4℃ 时，水泵可以达到 6mmHg 的真空度。在 20～25℃ 时，只能达到 17～25mmHg 的真空度。油泵能够获取较低的真空度，好的油泵可以抽至真空度为 $10^{-3} \sim 10^{-1} \mathrm{mmHg}$。真空泵和蒸馏系统之间必须要在接收管支管与真空泵之间其依次串联安全瓶、冷阱和吸收塔保护装置，可以用来捕获低沸点物质、水或腐蚀性气体防止其进入真空泵。安全瓶一般是配有双孔塞的抽滤瓶，可以用来调节蒸馏系统的压力大小以及解除真空时放气之用。冷阱放置于盛有冷却剂的保温瓶中，冷却剂可选择冰-水、冰-盐等混合物。吸收塔分别装有无水氯化钙或硅胶、颗粒状氢氧化钠和石蜡片，分别用于收集低沸点物质、水以及一些烃类有机物。

减压蒸馏的操作：在克氏蒸馏瓶中，加入蒸馏液体（不超过容器的 1/2）。安装好蒸馏装置，并与保护系统和真空泵连接。检查整个装置无误后，打开安全瓶上的二通活塞，开始抽气。逐渐关闭二通活塞，从压力计上观察系统所能达到的真空度。当蒸馏瓶内开始沸腾时，控制加热温度，使每秒馏出 1~2 滴液体，并收集馏出液。蒸馏完毕后，先移去加热源，待体系稍冷后，松开毛细管上的螺旋夹，以防止液体吸入毛细管，再慢慢调节二通活塞使体系与大气相通，再断开真空泵电源，拆除蒸馏装置。

3.4.2 聚合反应装置

多数高分子化学反应可以通过普通常规的实验装置来实现，一般整个聚合过程通常会涉及搅拌、加热、回流冷凝、连续加料以及惰性气体通入等基本实验操作。因此，高分子聚合反应通常会选用如图 3-2 所示典型的聚合反应装置。整个实验装置配备有加热、冷凝、加样、搅拌以及通气装置等。由于高分子化合物黏度较大，大多数聚合反应多选择机械搅拌。如果反应体系黏度不大时，可以采用电磁搅拌，此时冷凝管可安装于三口烧瓶中间口。如果在聚合反应过程中需要进行多个实验操作，可以配备一个多口交换头（或 Y 形管）增加瓶口数目，实现多种原料同时加料或者惰性气体通入保护反应等。

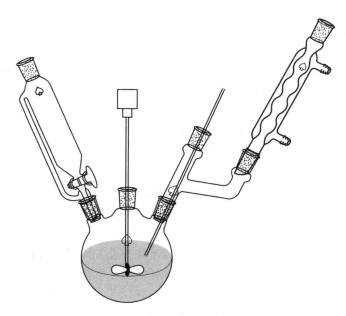

图 3-2 典型的聚合反应装置图

但是，有些高分子聚合反应机理不同，对聚合条件要求比较特殊。因此，一些特殊的实验手段，如减压、除水、除氧以及封管等，会应用于某些特殊的聚合反应。

（1）聚合反应过程中的减压操作

在缩聚反应中，为了使反应平衡向聚合物方向移动，提高缩聚反应程度和缩聚物分子量，往往需要在聚合过程中进行减压操作。特别是在缩聚反应后期，通过聚合反应过程中的动态减压，可以从高黏度的聚合体系中排除小分子产物，提高反应体系的真空度，促进聚合反应程度提高。

通常在这些高黏度、高温度的缩聚反应体系中通过减压操作获取高的真空度需要采取以下措施：①为了使聚合反应均匀，整个聚合过程中需要强力的机械搅拌，而且整个过程中产生的小分子产物容易排出。②为了防止聚合过程中反应物被高温氧化，需要在缩聚反应中采取惰性气体保护，或聚合反应开始就采取高真空条件缩聚反应；为了防止单体的损失，减压操作一般在缩聚反应后期进行。③在整个缩聚过程中，无论何时采取减压操作，均需要保证反应体系的密闭性，实验装置中多处接口处均需严格密封。

（2）封管聚合

封管聚合是一种特殊的聚合方法，它是在静态减压条件下进行的聚合反应。通常将较少量的单体置于封管中，并通过减压抽真空或通入惰性气体将聚合反应密闭于封管中进行。由于封管聚合是在密闭体系中进行，对于平衡常数较低的熔融缩聚反应不适合，但许多自由基聚合反应均可采用封管聚合方法。常用的封管由普通硬质玻璃管制成，在玻璃管偏上部分拉成细颈，有利于聚合时在此细颈处进行熔融封管。此外，封管细颈处也可改装成带活塞的三通，方便聚合前惰性气体的通入和减压操作。

3.5　聚合产物的分离与纯化

在聚合反应结束后，是否需要对聚合产物进行分离处理取决于聚合体系的组成以及聚合产物的最终用途。例如：本体聚合和熔融缩聚体系，由于整个聚合体系中除了单体外只有微量甚至没有外加的引发剂，因此最终聚合产物所含的杂质很少，并不需要对聚合产物进行分离纯化处理。此外，有些聚合产物在聚合反应后便可直接以溶液或乳液作为商品（例如：胶黏剂和涂料等），因此也不需要进行聚合产物分离后处理。但其他聚合体系中的聚合产物需分离纯化后才能应用。分离提纯对聚合物纯度要求高的体系必不可少，有利于提高聚合物的各种性能。

聚合物的分离方法取决于聚合产物在聚合体系中的存在形式，聚合物在聚合反应体系中的存在形式大致可分为以下几类。

（1）溶液形式

如果聚合反应结束后聚合产物溶解在溶剂中，以溶液形式存在于反应体系中，聚合物的分离一般有两种途径：一种方法是采取减压蒸馏方法除去溶剂、单体残留物以及其他挥发性组分。减压蒸馏方法难以除尽聚合产物中残余的引发剂以及聚合物中包埋的单体及溶剂，因此在实验室中较少使用。另外一种方法是采取加入沉淀剂，使聚合物以沉淀形式从体系中分离，该方法常在实验室应用于少量聚合物的提纯。

（2）沉淀形式

在悬浮聚合、沉淀聚合等聚合反应中，当整个聚合过程完成后生成的聚合物是以沉淀形式分散在聚合体系中。这类聚合产物分离比较容易，可以通过过滤或者离心的方法进行分离提纯。

（3）乳液形式

乳液聚合生成的聚合产物是以乳液形式分散在体系中，想要把聚合产物从乳液中分离出来，必须对乳液进行破乳处理。通过破乳破坏乳液的稳定性，促使聚合物从乳液中沉淀。通常加入破乳剂使聚合物沉淀完全，再进行过滤、洗涤、干燥纯化聚合产物。

依据所需除去的杂质，选择相应的聚合物分离提纯方法。以下是常用的聚合物分离提纯方法：

① 溶解沉淀法。这是分离精制聚合物最常用的方法。溶解沉淀法提纯聚合物的步骤就是将聚合物先溶解在溶剂中形成聚合物溶液，然后将聚合物溶液慢慢加入一定量的聚合物沉淀剂中，这种沉淀剂通常能够溶解单体、引发剂和溶剂，但对聚合物不溶解，最终可以观察到聚合物会缓慢地从溶液中沉淀出来。在这种分离提纯方法中，聚合物溶液的浓度、沉淀剂的加入速度以及温度等因素均会对聚合物精制提纯效果产生影响。聚合物浓度过大，沉淀物体积变大，容易包裹其他杂质，最终影响提纯精制效果；如果聚合物浓度过低，精制提纯效果好，但聚合物体积微小呈细粉状，收集相对困难。

② 溶剂洗涤法。采用聚合物不良溶剂反复洗涤聚合物，可以溶解聚合物中所含有的单体、引发剂以及其他杂质实现提纯精制目的，这种溶剂洗涤法是聚合物提纯精制最简单的方法。针对不同聚合方法获得的聚合物，溶剂洗涤法提纯的效果不同。比如：悬浮聚合形成的颗粒聚合物自身相当于本体聚合形成的较纯净的聚合物，其颗粒聚合物表面附着的分散剂，可通过溶剂洗涤法除去，最终获得较纯净的颗粒聚合物。然而针对其他聚合方法形成的聚合物产品，仅使用单纯的洗涤方法也存在较大问题。对于颗粒很小的聚合物而言，不易包裹杂质，洗涤效果较好。但对于颗粒大的聚合物，则很难洗涤除去聚合物颗粒内部的杂质，因此精制提纯效果并不理想。溶剂洗涤法通常只作为辅助提纯聚合物的方法，因此要进一步提纯聚合物需要选择其他一些分离方法。

③ 抽提法。抽提法是精制提纯聚合物的重要方法，它是通过溶剂萃取出聚合物中的可溶性部分，最终实现分离和提纯的目的。实验室中抽提聚合物产品，主要选用索式提取器进行。索氏提取器如图3-3所示，它是由烧瓶、带两个侧管的提取器和冷凝管组成。烧瓶中盛装的溶剂受热形成溶剂蒸气，并经蒸气侧管上升，而虹吸管则是提取器中溶液往烧瓶中溢流的通道。采用索式提取器抽提提纯聚合物，一般是将被萃取的固体聚合物用滤纸包裹严实，将其置于提取器中，并使所放样品包的上端低于虹吸管的最高处。在烧瓶中放入适当的溶剂（溶剂的体积不得小于提取器容积的1.5倍）和少许沸石。加热使溶剂沸腾，形成的蒸气会沿蒸气侧管上升至抽提器中，并经冷凝管冷却凝聚。冷凝后的液体溶剂会在提取器中汇集，润湿聚合物并溶解聚合物中可溶性的组分。当在提取器中汇集的溶剂液面上升到超过虹吸管最高点处时，提取器中的所有液体会沿着虹吸管被虹吸到烧瓶中，然后再次开始新的溶解提取过程。经过一定时间的溶解抽提后，聚合物中可溶性杂质会被完全抽提到烧瓶中，而在抽提器中留下纯净的不溶性聚合物。抽提法主要用于聚合物的提纯分离，固态的聚合物进行抽提后，不溶性聚合物以固体形式存在于抽

图 3-3 索氏
提取器

提器中，最后经干燥处理获得精制聚合物。若溶剂中的可溶性聚合物也要提纯，可以通过寻找沉淀剂或直接蒸发溶剂纯化获得纯净的聚合物组分。

第4章

高分子材料基础实验

实验1　甲基丙烯酸甲酯的本体聚合

一、实验目的

1. 了解自由基本体聚合的特点和实施方法。
2. 了解并掌握聚甲基丙烯酸甲酯的制备方法和工艺流程。

二、实验原理

本体聚合是指单体本身在不加溶剂和其他分散介质的情况下，在少量引发剂引发作用下进行的聚合反应，或者单体直接在热、光、辐照等作用下进行的聚合反应。本体聚合的优点是聚合体系和生产过程比较简单，易于连续化生产，反应过程较快，产率高，得到的产品纯度高，无需后处理。但是本体聚合也存在不足之处：自由基本体聚合是一个连锁聚合反应，随着聚合物分子量的增大，在某一阶段会出现自动加速现象，导致聚合反应放热集中。特别是本体聚合进行到一定聚合程度时，体系黏度增大，热量难以散去，会产生局部过热现象。轻则造成体系局部过热，聚合物分子量分布变宽，从而影响产品的机械强度；重则体系聚合温度失控，引起爆聚。因此控制聚合反应温度、将反应热及时有效地移除是本体聚合反应中必须解决的问题，一般有以下方法。

① 在反应进行到较低转化率时，就设法分离出聚合物。

② 在较低的反应温度下使用低浓度的缓慢引发剂，以保持比较缓慢的聚合反应速率。

③ 采用光、辐照等方式引发，使聚合反应在较低的温度下进行，以利于热量的传递。

甲基丙烯酸甲酯是一种重要的化工原料，它可以广泛用于制造树脂、涂料等。有机玻璃就是通过甲基丙烯酸甲酯的本体聚合制得。聚甲基丙烯酸甲酯由于有庞大的侧基存在，是无定形的固体聚合物，具有高度的透明性，密度小，力学性能好，耐候性好，在航空、光学仪器、电器工业以及日用化工等方面具有广泛用途。在实验过程中，为了解决体积收缩和散热，以及避免自动加速现象引起的爆聚，通常采用分段聚合方法，先在高温下进行预聚合，将本体聚合至10％转化率的预聚体（黏稠浆液），注入模具中，在低温下继续缓慢聚合使转化率达到90％左右，此时聚合物已基本成型，再升温使单体聚合完全。

三、实验试剂和仪器

1. 主要试剂：甲基丙烯酸甲酯（MMA，精制处理）、偶氮二异丁腈（AIBN，重结晶处理）。

2. 主要仪器：电磁搅拌器、温度计、磨口三口烧瓶、水浴锅、冷凝管、烘箱、模具、天平。

四、实验步骤

1. 预聚体的制备

如图 4-1 所示组装仪器，准确称取 50mg AIBN、50mL MMA，混合均匀，加入 100mL、配有冷凝管、温度计的磨口三口烧瓶中，打开搅拌，使引发剂 AIBN 完全溶解于单体 MMA 中，开启冷却水，水浴加热，升温至 80～85℃，保温 30min。当体系呈黏稠状时，冰水浴冷却至 50℃以下并停止搅拌。

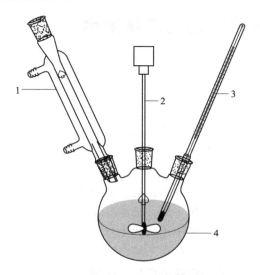

图 4-1 甲基丙烯酸甲酯本体聚合反应装置图
1—冷凝管；2—机械搅拌器；3—温度计；4—三口烧瓶

2. 有机玻璃的成型

将准备好的预聚体倒入提前准备好的模具中，封好灌料口。将上述模具放入烘箱中，50℃保温 5h，使体系固化失去流动性。将模具继续在烘箱中升温至 100℃，保温 1h 后，停止加热，自然冷却至室温，除去模板，即得到成型的有机玻璃。

五、注意事项

1. 预聚过程中应减少对三口烧瓶的摇动，可以减少氧气在单体中的溶解。
2. 在将预聚体倒入模具时，如果有气泡，要设法排出。
3. 高温聚合结束后，应自然冷却后再去除模板，以避免骤然降温导致模板和聚合物破裂。

六、思考题

1. 在制备有机玻璃时，先制备一定黏度预聚体的目的是什么？
2. 本体聚合的特点是什么？和其他聚合方式相比有什么优点和缺点？
3. 在本体聚合过程中，如何控制各阶段的温度？为什么要严格控制各阶段的温度？
4. 自动加速效应产生的原因是什么？

实验 2　苯乙烯的悬浮聚合

一、实验目的

1. 了解苯乙烯自由基悬浮聚合的基本原理。
2. 掌握苯乙烯悬浮聚合的实施方法，了解配方中各组分的作用。
3. 通过悬浮聚合的实施，了解分散剂、升温速度、搅拌速度等对悬浮聚合的影响。

二、实验原理

悬浮聚合实质上是通过强烈的机械搅拌作用，使不溶于水的单体或多种单体的混合物成为液滴状分散于一种悬浮介质中进行聚合反应的方法。反应体系主要由单体、引发剂、分散剂以及介质组成。由于大多数烯类单体只微溶于水或几乎不溶于水，因此悬浮聚合通常都以水为介质。引发剂要求与单体有良好的相溶性，一般为油溶性引发剂。分散剂的种类不同，作用机理也不同，水溶性有机高分子具有两亲性结构，亲油的大分子链吸附于单体液滴表面，亲水基团则靠向水相，因此在单体液滴表面形成了一层保护膜，起着保护液滴的作用。此外，聚乙烯醇、明胶等分散剂还起着降低表面张力的作用，因此使液滴更小。非水溶性无机粉末主要是吸附于液滴表面起机械隔离作用。分散剂的种类和用量的确定取决于对聚合物的种类和颗粒大小的要求，有时还需考虑产物的成膜性和透明性。

在悬浮聚合中，油溶性引发剂溶解于单体中，并在分散剂和机械搅拌作用下，分散成小油珠悬浮在水（介质）中。每个小油珠都是一个微型聚合场所，单体以小油珠的形式进行着本体聚合，在每一个小油珠内，单体的聚合过程与本体聚合相似，遵循自由基聚合一般规律，具有本体聚合相同的动力学过程。由于单体油珠外部为大量的分散介质水，它们可以作为这些微型"反应器"的热传导体，将单体油滴内的聚合反应热很方便地传导出去，防止了本体聚合中出现的不易散热问题，保证了悬浮聚合体系中反应温度的均一性，有利于整个悬浮聚合反应的控制。悬浮聚合另一优点是由于采用分散剂，聚合完成后得到的是易分离、易清洗、纯度高的珠状聚合产物，便于产品直接加工成型。

三、实验试剂和仪器

1. 主要试剂：苯乙烯、过氧化苯甲酰、聚乙烯醇、去离子水。
2. 主要仪器：分析天平、三口烧瓶、锥形瓶、搅拌器、水浴锅、回流冷凝管、温度计、滴管、布氏漏斗、烘箱。

四、实验步骤

1. 用分析天平准确称取 0.3g 过氧化苯甲酰，放入 100mL 锥形瓶中，再加入 15g 苯乙烯单体，轻轻振荡，待过氧化苯甲酰完全溶解后，加入装有搅拌器、回流冷凝管、温度计的 250mL 三口烧瓶中。
2. 向三口烧瓶中加入 20mL 1.5％聚乙烯醇溶液和 130mL 去离子水。
3. 开通冷凝水，启动搅拌器，使其以稳定的速度搅拌。同时，水浴升温至 85～95℃，稳定反应 2h。用滴管取样，检查聚合得到的聚合物珠子是否已变硬，若聚合物珠子变硬可结束聚合反应。

4. 将聚合物溶液停止加热,搅拌下冷却至室温。产品通过布氏漏斗过滤分离,并用热水反复洗涤数次,最后在 50℃下干燥,称重。

五、注意事项

1. 起始反应温度不宜太高,避免爆聚而使聚合产物结块。

2. 聚合反应开始前,搅拌速度不宜太快,避免生成的聚合物颗粒分散得太细。

3. 反应过程中搅拌速度要保持稳定,使苯乙烯单体能形成良好均匀的珠状液滴。聚合过程中不宜随意改变搅拌速度,搅拌速度的大小会直接影响产物颗粒的大小。

六、思考题

1. 悬浮聚合的特点和聚合原理是什么?

2. 如何控制悬浮聚合产物颗粒的大小?

3. 悬浮聚合中分散剂的作用原理是什么?其用量大小对生成的聚合物颗粒大小如何影响?

实验 3　丙烯酰胺的溶液聚合

一、实验目的

　　1. 了解溶液聚合的特点和方法。

　　2. 了解溶液聚合的原理和溶剂选择的原则。

　　3. 掌握丙烯酰胺溶液聚合方法。

二、实验原理

　　溶液聚合是指单体和引发剂（或者催化剂）溶于适当溶剂中进行的聚合反应。依据聚合反应温度，可以分为高温溶液聚合（100℃以上）和低温溶液聚合（100℃以下）。根据相态可将溶液聚合分为两类：一类是单体和反应生成的聚合物均能溶解在溶剂中，反应结束之后得到聚合物溶液。另一类是生成的聚合产物不溶于该溶剂中，在聚合过程中聚合物以沉淀形式析出。这种反应在聚合进行到一定程度时，滤出聚合产物，可在滤液中继续加入单体，再进行聚合。

　　溶液聚合通常为均相聚合体系，由于溶剂的加入会稀释反应体系，有利于聚合热的转移与导出，因此聚合反应体系容易控制。同时，有利于降低反应体系的温度和黏度，导致聚合物链通常处于伸展状态，活性中心容易相互碰撞而发生双基终止，因此自动加速现象通常不易出现。如果是非均相聚合，聚合物链通常呈卷曲状态，端基被包围，相互碰撞机会减少，因此容易发生自动加速现象。在溶液聚合中，通常为自由基均相聚合，整个过程都遵循常见的自由基聚合动力学，因此溶液聚合是研究聚合机理及聚合动力学等常用实验方法。

　　溶液聚合也存在不足之处：由于聚合体系中溶剂的存在，容易在聚合过程中引起诱导分解、链转移等副反应。同时，聚合反应完成后，聚合产物和溶剂的分离，以及溶剂的回收等均会增加反应设备成本。另外，溶剂的加入也会降低单体和引发剂的浓度，导致溶液聚合速率相比于本体聚合要低，也会降低反应装置的利用率。因此，溶液聚合中溶剂的选择对聚合反应非常重要。一般应遵循以下原则：①溶剂对引发剂的诱导分解作用小，从而提高引发剂的引发效率。同时，溶剂的加入对反应体系尽量不产生副作用和其他不良影响；②溶剂的链转移常数低，以便获得分子量高的聚合物；③尽量选择聚合物的良溶剂，以便控制聚合反应。

　　丙烯酰胺是一种白色晶体化学物质，是生产聚丙烯酰胺的原料。聚丙烯酰胺主要用于水的净化处理、纸浆的加工及管道的内涂层等，也用于聚丙烯酰胺凝胶电泳。聚丙烯酰胺是一种水溶性高分子聚合物，因此本实验用去离子水作为溶剂进行溶液聚合，具有无毒、价格低廉和链转移常数小的优点。

三、实验试剂和仪器

　　1. 主要试剂：丙烯酰胺、乙醇、过硫酸铵、去离子水、氮气。

　　2. 主要仪器：三口烧瓶、回流冷凝管、水浴锅、温度计、机械搅拌器、量筒、烧杯、布氏漏斗、真空干燥箱、电子天平。

四、实验步骤

1. 在 250mL 三口烧瓶中间口安装机械搅拌器，一侧管口安装温度计，另外一侧安装 Y 形管，分别安装氮气导管和回流冷凝管，如图 4-2 所示。

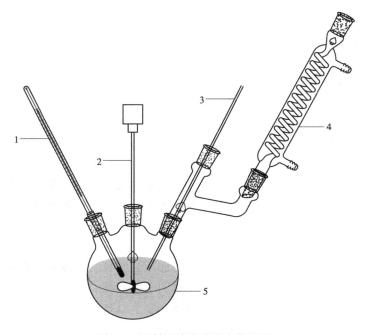

图 4-2　丙烯酰胺溶液聚合装置图
1—温度计；2—搅拌器；3—通氮气；4—回流冷凝管；5—三口烧瓶

2. 将 10.0g 的丙烯酰胺和 90mL 去离子水加入三口烧瓶中，打开搅拌，通氮气，水浴加热至 30℃，使丙烯酰胺单体完全溶解。

3. 将 0.05g 过硫酸铵溶解在 10mL 去离子水中，缓慢加入三口烧瓶中，然后将体系温度逐渐升至 90℃，反应 2~3h。体系黏度很大时，停止加热，使溶液体系自然冷却至室温。

4. 在 500mL 烧杯中加入 150mL 乙醇，在搅拌下加入上述溶液中，有聚合物沉淀出现，静置片刻，继续加入少量乙醇，观察是否再有沉淀析出。如果有，加入乙醇使沉淀完全析出，用布氏漏斗过滤，沉淀用少量乙醇洗涤三遍，放置真空干燥箱中干燥至恒重，称重，并计算产率。

五、思考题

1. 溶液聚合有何优缺点？影响溶液聚合的因素有哪些？具体如何影响？

2. 在进行溶液聚合实验时，需要注意哪些事项？

3. 从环境保护的角度而言，应尽量避免使用有机溶剂，那么对于涂料和黏合剂（特别是不溶于水的聚合物）而言，应该采取哪些措施？

4. 对于苯乙烯、甲基丙烯酸和丙烯腈的溶液聚合，可选择哪些溶剂？

实验 4　乙酸乙烯酯的乳液聚合

一、实验目的

1. 加深对乳液聚合原理的理解。
2. 了解乳液聚合的特点、配方及各组分所起到的作用。
3. 掌握聚乙酸乙烯酯胶乳的制备方法及用途。

二、实验原理

在水中，单体由乳化剂分散成乳液状态而进行的聚合方式叫作乳液聚合。乳液聚合体系主要包括单体、引发剂、乳化剂和分散介质（水），有时还需要加入适量的分子量调节剂、pH 调节剂等助剂。乳液聚合的单体一般为油溶性单体，不溶于水或者微溶于水。分散介质一般为去离子水，防止水中的杂质离子对引发剂和乳化剂产生影响。引发剂一般为水溶性物质，通常采用氧化-还原体系，如水溶性的过硫酸铵-硫代硫酸钠体系。乳化剂能够降低界面张力，使单体易于分散成小液滴，在液滴的表面会形成保护膜，防止凝聚，因此对乳液聚合的成败产生重要影响。乳化剂一般由非极性基团和极性基团两部分构成，根据极性基团的性质不同可将乳化剂分为阳离子型、阴离子型、两性型、非离子型。阳离子型乳化剂是指一种带有阳离子基团的乳化剂，如季铵盐、吡啶卤化物等。阴离子型乳化剂是一种带有阴离子基团的乳化剂，常用的阴离子乳化剂主要有脂肪酸钠，如十二烷基硫酸钠和烷基磺酸钠等。两性型乳化剂兼有阴离子、阳离子基团，如氧化铵、氨基酸等。非离子型乳化剂溶于水不能解离为正、负离子，不呈现离子状态，化学稳定性好，且与其他类型的乳化剂相容性好，如聚环氧乙烷、聚乙烯醇等。当乳化剂分子在水相中的浓度达到临界胶束浓度（CMC）后，体系中开始出现胶束。胶束是乳液聚合的场所，发生乳液聚合后的胶束被称为乳胶粒。随着聚合反应的进行，体系中乳胶粒数目不断增加，直至胶束最终消失，乳胶粒数目达到恒定，并由单体液滴提供单体在乳胶粒内进行聚合反应。此时，由于乳胶粒内可聚合单体浓度恒定，聚合速率维持恒定。到单体液滴消失后，随着乳胶粒内单体浓度的减小聚合速率逐渐下降。

乳液聚合的机理不同于一般的自由基聚合，其聚合速率和聚合度表达式如下：

$$R_p = \frac{10^3 [M] N K_p}{2 N_A}$$

$$\overline{X}_n = \frac{[M] N K_p}{R_p}$$

式中，N_A 为阿伏伽德罗常数；N 为乳胶颗粒。由此可见，乳液聚合的聚合速率与引发剂速率无关，仅与聚合体系中乳胶粒数有关。而乳液聚合体系中乳胶粒数的多少与乳化剂的浓度有关。因此，增加乳液聚合体系中的乳化剂浓度，可以增加乳胶粒数，可以提高乳液聚合速率，同时也可提高聚合产物的分子量。

乳液聚合的优点与不足之处是：

① 水作为分散介质容易散热，传热效果好，产物的黏度低。反应体系里没有使用有机溶剂，安全环保，成本低廉。

② 聚合体系黏度比较低，控制搅拌速度和聚合温度容易。

③ 产物分子量比较高，聚合反应温度比较低，聚合速率快。

④ 产物中含有乳化剂难以去除干净，因此聚合产物透明度不高，纯度较低，介电性能比较差。

乙酸乙烯酯的乳液聚合与其他的乳液聚合过程类似，分为三个阶段：链引发、链增长、链终止。在本实验中，我们采用水溶性的过硫酸盐为引发剂，聚乙烯醇（PVA）为乳化剂，并加入一定量的乳化剂 OP-10 起辅助作用（经实验验证，两种乳化剂合并使用的乳化效果和稳定性均高于单独使用一种乳化剂）。同时，为了使乙酸乙烯酯的乳液聚合反应平稳进行，需要将乙酸乙烯酯单体和过硫酸盐引发剂分批加入。制备出的聚乙酸乙烯酯乳胶漆具有水基漆的优点：以水为分散介质，聚合物产品黏度小，分子量大。作为胶黏剂可以广泛应用于木材、纸张和织物等的黏结。

三、实验试剂和仪器

1. 主要试剂：乙酸乙烯酯、过硫酸铵、聚乙烯醇、OP-10、蒸馏水。
2. 主要仪器：三口烧瓶、滴液漏斗、温度计、球形冷凝管、搅拌器、水浴锅、天平。

四、实验步骤

1. 如图 4-3 所示组装实验装置，并在三口烧瓶中分别加入 37.5g 10％的聚乙烯醇水溶液，0.3g 乳化剂 OP-10，50g 蒸馏水。

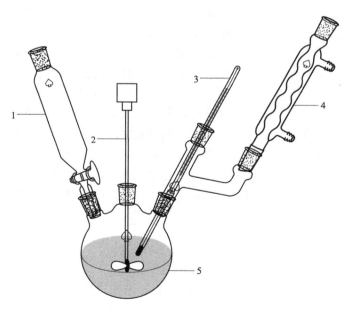

图 4-3　乙酸乙烯酯的乳液聚合装置图

1—滴液漏斗；2—搅拌器；3—温度计；4—球形冷凝管；5—三口烧瓶

2. 将 0.1g 的引发剂过硫酸铵溶于 3mL 的蒸馏水中。

3. 打开搅拌器，水浴加热至 65℃后，加入第一批引发剂过硫酸铵溶液 1mL。待完全溶解后，再采用滴液漏斗将 34g 乙酸乙烯酯滴加，控制滴加速度先慢后快，并逐步将溶液温度升至 70℃，在 70℃温度条件下反应 1h，继续加入第二批引发剂过硫酸铵溶液 1mL，反应

1h 之后加入剩余的引发剂。乙酸乙烯酯需控制在 2h 以内滴加完全。

4. 在 70～72℃ 保温 10min 后将温度缓慢升至 75℃，保温 10min，继续将温度缓慢升至 78℃，保温 10min，再缓慢升至 80℃，保温 10min。撤掉水浴，待温度自然冷却至 40℃ 以下后停止搅拌，出料。

五、注意事项

1. 配制 10% 的聚乙烯醇水溶液：将 3.75g 醇解度为 88% 的聚乙烯醇溶解在 34mL 的水中，最好先浸泡一段时间，然后边升温边搅拌，在沸水中维持一段时间即可完全溶解。

2. 在实验过程中，要严格控制滴加速度，如果刚开始时滴加速度过快，乳液中便会出现块状物，导致实验失败。而且，滴加乙酸乙烯酯单体时，温度需要控制在 70℃。如果温度过高会导致单体损失。

3. 在乳液聚合过程中，需要严格控制搅拌速度，否则会导致单体乳化不完全。

六、思考题

1. 比较乳液聚合和其他聚合方式（例如本体聚合、悬浮聚合、溶液聚合）的特点和优缺点。

2. 乳化剂有哪些类型？它的特点是什么？乳化剂浓度对反应体系有何影响？

3. 聚合过程中为什么需要严格控制单体的滴加速度和聚合反应温度？

4. 为保持乳液聚合体系的稳定，需要采取哪些措施？

实验 5　甲基丙烯酸甲酯无乳化剂乳液聚合

一、实验目的

1. 了解无乳化剂乳液聚合的反应机理。
2. 了解甲基丙烯酸甲酯无乳化剂乳液聚合的组成配方及反应特点。
3. 掌握无乳化剂乳液聚合实验的基本操作方法。

二、实验原理

无乳化剂乳液聚合（也称无皂乳液聚合）是指聚合体系中不含乳化剂，或仅含微量乳化剂［其浓度在临界胶束浓度（CMC）以下］的乳液聚合。在无乳化剂乳液聚合中，因其体系中不含乳化剂，将通过以下两种方式获得聚合物乳胶稳定性：①离子型自由基引发剂（如过硫酸盐、偶氮烷基羧酸盐类）分解产生的自由基引发单体聚合后，其引发剂碎片连接到疏水性聚合物的末端，形成了两亲性的物质；②亲水性单体（如丙烯酸、甲基丙烯酸、苯乙烯磺酸钠和丙烯酰胺等）与普通单体共聚形成了两亲性聚合物。以上产物具有与乳化剂相似的结构，具有稳定粒子的能力。在无乳化剂乳液聚合体系中，聚合初期会生成带有离子末端、具有两亲性结构的低聚物。这类低聚物如同乳化剂一样在水相中形成胶束并增溶单体，引发剂产生的初级自由基扩散进入胶束而引发聚合。随着聚合继续进行，乳胶粒子表面积不断增大导致表面电荷密度降低，初级乳胶粒子通过凝聚重新稳定，其后的乳胶粒子增长类似于常规乳液聚合。无乳化剂乳液聚合体系中乳胶粒子的数目远低于常规乳液聚合，所以无乳化剂乳液聚合速率比较低，一般反应时间需要很长。

无乳化剂乳液聚合体系中不含乳化剂，无胶束存在，因此，人们提出无乳化剂乳液聚合的成核机理。例如：水相中增长的低聚物自由基超过临界成核链长而沉淀析出形成粒子的均相成核机理；先均相成核生成母体粒子然后凝聚成核生成乳胶粒的母体粒子凝聚成核机理，达到一定尺寸和浓度的具有表面活性的增长自由基胶束化而成核的胶束成核机理等。亲水性单体参与的无乳化剂乳液聚合，乳胶成核机理随亲水性单体的亲水性和共聚活性不同而有差异。共聚活性相差大的单体聚合，其成核主要遵循低聚物胶束成核机理；当亲水性单体活性与主单体活性相当时，则通常遵循均相成核机理，形成初级乳胶粒子。

与传统的乳胶聚合相比，无乳化剂乳液聚合体系中不含乳化剂，克服了乳化剂加入而带来的产品性能的降低。同时，无乳化剂乳液聚合可以制备表面洁净、粒径均一的乳胶粒子，可以广泛应用于标准计量、情报信息、分析化学等领域。

三、实验试剂和仪器

1. 主要试剂：甲基丙烯酸甲酯（精制）、过硫酸钾、蒸馏水。
2. 主要仪器：三口烧瓶、回流冷凝管、滴液漏斗、机械搅拌器、烧杯、玻璃棒通氮系统、温度计、恒温水浴锅、分析天平、量筒。

四、实验步骤

1. 用分析天平准确称取 0.1g 过硫酸钾置于 50mL 烧杯中，量取 10mL 蒸馏水倒入烧杯中，用玻璃棒搅拌至过硫酸钾完全溶解，待用。

2. 在三口烧瓶中加入 90mL 蒸馏水，在搅拌的条件下滴加 10g 甲基丙烯酸甲酯，并控制滴加速度，在 30min 内单体全部滴入三口烧瓶中。

3. 通入氮气，利用恒温水浴锅加热至 75℃。加入上述已配制待用的过硫酸钾溶液，控制反应体系温度在 75℃左右。在一定的搅拌速度下聚合 5h，取少量乳液测定其固含量。

五、思考题

1. 无乳化剂乳液聚合是如何形成稳定的聚合物乳胶？

2. 无乳化剂乳液聚合与传统乳液聚合的区别有哪些？乳液聚合自身优点有哪些？

3. 如何通过测定固含量的方法计算无乳化剂乳液聚合的转化率？

实验 6 苯乙烯的分散聚合

一、实验目的

1. 了解和掌握分散聚合的方法和原理。

2. 掌握分散聚合制备单分散聚苯乙烯微球的方法。

3. 了解分散聚合中分散稳定剂、分散介质极性大小、单体和引发剂等对分散聚合的影响。

二、实验原理

分散聚合是一种由溶于有机溶剂（或水）的单体通过聚合生成不溶于该溶剂的聚合物，而且形成胶态稳定的分散体系的聚合工艺。分散聚合体系中聚合物胶体的稳定性来源于聚合物粒子表面吸附连续相中的两亲高分子稳定剂或分散剂，具有立体稳定作用。这种稳定作用是由大分子稳定剂链段之间因占有空间或者构象限制所引起的相互作用而产生的。这种稳定作用与一般乳液聚合中静电稳定作用的差别在于：它不存在长程的排斥作用，而只有当分散剂构成的保护层外缘发生物理接触时，粒子之间才产生排斥力，导致粒子因热运动而弹开。

分散聚合体系中主要组分为单体、分散介质、稳定剂和引发剂。聚合反应开始前单体、稳定剂和引发剂均溶解在介质中形成均相体系。但聚合反应所生成的聚合物不溶于介质，当聚合物链达到临界链长度后从介质中沉淀出来，聚结成小颗粒，并借助于稳定剂悬浮在介质中，形成类似于聚合物乳液的稳定分散体系。因此，分散聚合也可以认为是一种特殊的沉淀聚合，其产物的聚集受到阻碍，且粒子尺寸得到控制。和一般沉淀聚合的区别在于，分散聚合沉析出来的聚合物不是形成粉末状或块状，而是形成类似于聚合物乳液的稳定分散体系。分散聚合（主要针对非水分散聚合）中，单体大都是油溶性的苯乙烯和甲基丙烯酸甲酯，也可以是水溶性的丙烯酰胺等；介质可以是极性的，也可以是非极性的，极性介质一般选低级醇类，而非极性介质一般选烷烃类；常用的稳定剂有聚乙烯吡咯烷酮、羟丙基纤维素、聚丙烯酸、聚乙二醇及糊精等；分散聚合中大都采用油溶性的引发剂，应用最多的是过氧化苯甲酰与偶氮二异丁腈。

分散聚合作为一种较为特殊的非均相聚合技术，其最初的发展是为了满足涂料工业生产高质量涂料的需要，因为分散聚合的产物可以直接使用，而且还可以通过选择适当的单体、分散剂来调节产物的粒径和硬度，选用合适的聚合步骤来制得高固含量的分散体系，调节介质挥发速度以取得高光泽度的涂层。所以，分散聚合已成为生产高级涂料（如高级汽车用的金属漆等）的一种重要聚合方法。

近年来，随着对聚合物微球制备的研究，分散聚合又因其引人注目的特点成为单分散聚合物微球以及表面功能化微球的重要制备手段，因为分散聚合可以制得表面不带小分子乳化剂、不带电荷的聚合物微球，而且可以通过选择合适的分散剂，使微球表面带上所需的官能团。分散聚合产物微球的尺寸受到分散剂浓度、分散剂在介质中的溶解能力、单体用量以及分散剂中锚嵌链段与溶解链段分子量之比等诸多因素的影响。

三、实验试剂和仪器

1. 主要试剂：苯乙烯（St，分析纯，去除阻聚剂后冰箱存放备用）、聚乙烯吡咯烷酮（PVP，K-30）、偶氮二异丁腈（AIBN，分析纯，重结晶提纯）、乙醇、蒸馏水。

2. 主要仪器：四口烧瓶、回流冷凝管、恒压滴液漏斗、机械搅拌器、通氮系统、温度计、恒温水浴锅、分析天平、烧杯。

四、实验步骤

1. 在 250mL 四口烧瓶上分别安装机械搅拌器、回流冷凝管、滴液漏斗和温度计。

2. 根据配方准确量取 75g 乙醇、25g 蒸馏水，并加入 250mL 四口烧瓶中混合均匀。

3. 准确称取 3.0g PVP 加入乙醇/水混合介质中，机械搅拌使 PVP 完全溶解形成均相溶液。

4. 分别准确称取引发剂 AIBN 0.2g、St 10.0g，并置于烧杯中搅拌溶解，使 AIBN 完全溶解在 St 中。

5. 将溶有引发剂 AIBN 的 St 通过恒压滴液漏斗缓慢地滴加到乙醇/水混合介质中，控制滴加速度，使整个滴加过程约 0.5～1h 完成。整个滴加过程中需要维持高速搅拌，使 St 在搅拌器的高速剪切作用下以很细小油滴分散在介质中。观察整个溶液体系状态变化，记录实验现象。

6. 通入氮气 30min，排除氧气后，缓慢水浴加热升温到 70℃后引发聚合，整个聚合体系保持 70℃反应 4h 后，停止加热，把反应物冷却室温。

7. 所得聚苯乙烯微球分散液，经离心、常温真空干燥处理获得聚苯乙烯粉体，以备结构、性质分析使用。

五、思考题

1. 分散聚合的特点和聚合原理是什么？

2. 分散剂的作用原理是什么？其用量对整个聚合产物粒子有什么影响？

3. 分散介质性质变化会对聚合过程和聚合结果产生什么影响？

实验 7　丙烯酰胺的反相乳液聚合

一、实验目的

1. 了解反相乳液聚合的基本原理和特点。
2. 了解丙烯酰胺反相乳液聚合的配方组成及工艺特点。
3. 掌握反相乳液聚合实验的基本操作方法。

二、实验原理

常规乳液聚合是单体在水介质中由乳化剂分散成乳液状态进行的聚合。整个反应体系由单体、乳化剂、引发剂和分散介质（水）四部分组成。其中，亲油性单体为分散相，水为连续相，在乳化剂（一般选择亲水亲油平衡值 HLB＝8～18 的亲水性乳化剂）作用下，形成水包油（O/W）型单体液滴和单体溶胀胶束的乳化体系。而水溶性单体也可以进行乳液聚合，但所使用的分散介质为非极性烃类溶剂，引发剂多为油溶性，而乳化剂的亲水亲油平衡值 HLB 较小，多为油包水（W/O）型乳化剂。此时，水溶性单体溶于水中的液体作分散相，非极性烃类溶剂作连续相，在亲油性乳化剂作用下，形成油包水型的单体液滴和单体溶胀胶束的乳化体系，与常规乳液聚合体系正好相反，故被称为反相乳液聚合。

反相乳液聚合通常采用水溶性单体，以非极性烃类溶剂为分散介质，并在亲油性乳化剂作用下形成油包水（W/O）乳液体系进行聚合。反相乳液聚合的聚合单体有丙烯酰胺和丙烯酸等水溶性化合物。乳化剂一般采用 HLB 为 5 以下的非离子型，如 OP 系列和 Span（斯盘）系列等，比用离子型乳化剂制成的乳液更稳定。有机溶剂则选用烷烃类化合物以及二甲苯。与传统的正相乳液聚合相比，反相乳液聚合体系中无法通过界面的静电作用维持乳化剂粒子的稳定，只能通过界面的空间障碍作用和降低油水界面的张力来稳定。反相乳液聚合的最终产物通常是亲水性聚合物粒子在连续油相中的胶体分散体系。反相乳液聚合方法有许多好处，与溶液聚合相比，由于反应位置的分隔化，把水溶性单体的高聚合速率和高聚合度联系在一起。该种聚合方法制备的反相胶乳粒子，很容易反转并溶解于水中，便于很多领域的应用。

聚丙烯酰胺及其衍生物是一类新型的精细功能高分子产品，主要聚合反应式如下：

$$C_6H_5COO-OOCH_5C_6 \longrightarrow 2C_6H_5COO\cdot$$

$$C_6H_5COO\cdot + CH_2=CHCONH_2 \longrightarrow C_6H_5COO-CH_2CH\cdot + CH_2=CHCONH_2 \longrightarrow \sim\sim CH_2CH\cdot$$
$$\qquad\qquad\qquad\qquad\qquad\qquad\qquad CONH_2 \qquad\qquad\qquad\qquad\qquad\qquad CONH_2$$

$$2\sim\sim CH_2CH\cdot \longrightarrow \sim\sim CH_2 + \sim\sim CH=CH$$
$$\qquad CONH_2 \qquad\qquad\qquad\qquad CONH_2$$

目前，高分子量的聚丙烯酰胺已被广泛应用于许多行业，如印染、造纸、石油工业和污水处理等。本实验以 Span-60 为乳化剂进行丙烯酰胺的反相乳液聚合，合成高分子量的聚丙烯酰胺。

三、实验试剂和仪器

1. 主要试剂：丙烯酰胺、Span-60、过氧化苯甲酰、石油醚、去离子水。

2. 主要仪器：三口烧瓶、机械搅拌器、回流冷凝管、布氏漏斗、恒温水浴锅、锥形瓶、温度计（0～100℃）、滴液漏斗、铁架台、玻璃棒、分液管、分析天平、量筒。

四、实验步骤

1. 依据图 4-2 安装实验装置。在 250mL 三口烧瓶上分别安装机械搅拌器、回流冷凝管、滴液漏斗和温度计，采用铁架台固定，并使搅拌器转动自如，采用恒温水浴锅加热。

2. 用分析天平准确称取 0.2g Span-60 并放入三口烧瓶中，再量取 50mL 石油醚并加入三口烧瓶中。分别打开冷凝水、机械搅拌器和恒温水浴锅将温度升高至 40℃ 保持恒定，直至 Span-60 完全溶解。

3. 准确称取丙烯酰胺 10g 放入 50mL 锥形瓶中，量取 22mL 去离子水倒入锥形瓶中，用玻璃棒缓慢搅拌至完全溶解，倒入三口烧瓶中搅拌 10min。

4. 用分析天平准确称取过氧化苯甲酰 5g 置于 20mL 锥形瓶中，并量取 15mL 石油醚加入锥形瓶中，玻璃棒搅拌使过氧化苯甲酰完全溶解后，倒入三口烧瓶中，再用石油醚 10mL 冲洗锥形瓶，并将冲洗液倒入三口烧瓶中。

5. 调节搅拌速度并保持恒定，体系温度升高至 70℃，开始发生聚合。反应 2h 后，在回流冷凝管与三口烧瓶的中间部分加装分液管，升温至石油醚与水混合液的沸点，当分流出的水量为 18mL 左右时，结束反应。

6. 继续搅拌，等反应体系冷却至室温后停止搅拌，将产物用布氏漏斗进行真空抽滤，最后将产品真空干燥，用分析天平准确称量并计算产率。

五、注意事项

1. 反相乳液聚合中乳胶粒子的稳定性相对于常规乳液聚合中乳胶粒子的稳定性较差，因此需要在实验过程中更认真仔细地操作。

2. 实验过程中一定要保证 Span-60 和丙烯酰胺的完全溶解，以保证实验效果。在实验中，升温至石油醚与水混合液沸点这一阶段，为了防止液体暴沸，需合理控制升温速度。

六、思考题

1. 分析反相乳液聚合和常规乳液聚合反应机理的异同点。
2. 分析实验过程中各种实验试剂在反相乳液聚合中的作用。
3. 反相乳液聚合中引发剂的浓度对所生成聚合物的分子量是否有影响？
4. 分析实验中将体系升温至石油醚与水混合液的沸点进行脱水的原因。

实验 8 苯乙烯-马来酸酐的交替共聚

一、实验目的

1. 了解苯乙烯与马来酸酐发生自由基交替共聚的基本原理。
2. 了解交替共聚物的特点和应用。
3. 掌握苯乙烯-马来酸酐交替聚合的实验操作及聚合物的析出方法。

二、实验原理

自由基共聚是将两种或多种单体在一定聚合条件下形成聚合物的反应。对于二元共聚，按照两种结构单元在大分子链中的排列方式不同，共聚可以分为无规共聚、交替共聚、嵌段共聚、接枝共聚。发生共聚反应的两种单体极性相差越大，越容易形成电荷转移络合物。因此，越容易发生交替共聚。马来酸酐又称为顺丁烯二酸酐，带有强的吸电子取代基。而且，它具有强的空间位阻效应，在一般的条件下很难发生均聚。而苯乙烯正好相反，具有强的供电子基团，并存在共轭效应，容易发生均聚。将马来酸酐和苯乙烯按一定的比例混合并加入引发剂后，在引发剂作用下两类单体却容易发生共聚，而且共聚生成的是具有规整结构的交替共聚产物。两种单体共聚能够形成交替共聚物，与两种单体自身结构有关。马来酸酐双键两端带有两个吸电子能力很强的酸酐基团，使酸酐中碳碳双键上的电子云密度降低而带部分正电荷，而苯乙烯是一个大的共轭体系，在正电性的顺丁烯二酸酐的诱导下，苯环的电荷向双键移动，使碳碳双键上的电子云密度增加而带部分负电荷。这两种带有相反电荷的单体构成了受电子体-给电子体体系，在静电作用下很容易形成一种电荷转移络合物，这种络合物可看作一个大的单体，在引发剂的作用下发生自由基聚合，形成交替共聚的结构。聚合反应式如下：

$$n H_2C = CH \quad + \quad n HC = CH \quad \longrightarrow \quad \left[C - C - C - C \right]_n$$

苯乙烯和马来酸酐发生自由基交替共聚，其反应机理主要是电荷转移的相互作用，使得自由基与单体之间产生了过渡状态的络合物。关于其反应机理目前存在两种理论："过渡态极性效应理论"和"电子转移复合物均聚理论"。前者认为，在聚合反应过程中，链自由基和单体加成后，形成含共振作用而稳定的过渡态。而后者认为，先是不同极性的单体形成电子转移复合物，该复合物再进行均聚反应形成交替共聚物。

苯乙烯和马来酸酐发生交替共聚形成的交替共聚物，结构因素导致其不溶于非极性溶剂或极性较小溶剂，如甲苯、苯、氯仿、四氯化碳等；溶于极性较强的溶剂，如乙酸乙酯、四氢呋喃、二甲基酰胺等。除了马来酸酐与苯乙烯可以生成交替共聚物外，还可以与强供电子单体发生交替聚合，如乙烯基醚、α-烯烃、乙烯基硫醚等。目前，商品化的苯乙烯-马来酸酐交替共聚物主要用于汽车发泡材料，同时还可广泛用于石油输送、石油钻井、水处理、混凝土、印染、涂料、造纸、胶黏剂、印刷、纺织和化妆品等工业，作为印刷油墨黏结剂、皮革改性剂、增稠剂、助燃剂及纺织品整理剂等。

三、实验试剂和仪器

1. 主要试剂：马来酸酐（顺丁烯二酸酐）、苯乙烯（精制）、甲苯、AIBN。

2. 主要仪器：四口烧瓶、恒温水浴锅、机械搅拌器、温度计、回流冷凝管、滴液漏斗、培养皿、真空抽滤装置、量筒、分析天平、铁架台。

四、实验步骤

1. 在 250mL 四口烧瓶上分别安装机械搅拌器、回流冷凝管、滴液漏斗和温度计，采用铁架台固定，并使搅拌器转动自如，采用恒温水浴锅加热。

2. 在四口烧瓶中分别加入 75mL 甲苯、2.9mL 精制的苯乙烯、2.5g 马来酸酐和 0.005g AIBN。打开搅拌开关，设置合适的搅拌速度，在室温下搅拌至反应物全部溶解，溶液澄清透明。

3. 继续保持搅拌，打开恒温水浴加热反应混合物，当温度升高到 85～90℃ 时，可观察到有乳白色的沉淀生成。保持温度不变，继续反应 1h 后停止加热。

4. 将反应混合物冷却至室温，然后采用布氏漏斗真空抽滤。将所得白色粉末转移到培养皿中，在 60℃ 下真空干燥。最后用分析天平称重，并计算产率。

五、思考题

1. 苯乙烯-马来酸酐共聚形成交替共聚物的原因是什么？

2. 如何分析确定聚合产物的结构？请写出至少三种分析方法。

3. 如果苯乙烯与马来酸酐不是等物质的量聚合，如何计算苯乙烯-马来酸酐交替共聚物的产率？

实验 9   四氢呋喃的阳离子开环聚合

一、实验目的

1. 了解离子型开环聚合的原理。
2. 熟悉开环聚合的实验室操作方法。
3. 通过四氢呋喃阳离子开环聚合，熟悉阳离子开环聚合反应的基本机理和条件。

二、实验原理

开环聚合是环状单体在引发剂（或催化剂）的作用下，不断地进行开环反应，最终生成线状聚合物的反应过程。环状单体能够发生开环聚合，主要取决于热力学因素。从反应类型来看，大多数环状单体都含有杂原子，极性较大，易于发生离子型开环聚合（例如：阴、阳离子开环聚合以及配位开环聚合）。然而，由于环状单体的亲核性较强，通常更有利于发生阳离子开环聚合。能够发生开环聚合的环状单体有很多，如环烷烃、环酯、环醚、环酰胺和环硅氧烷等。使用离子型引发剂，这些单体开环聚合表现出离子聚合的特征，也兼具连锁聚合和逐步聚合的特征。就反应过程来看，开环聚合存在着链引发、链增长、链终止等基元反应。在链增长反应阶段，单体仅与增长链反应，分子链的增长主要是活化的单体分子加聚到分子链末端，这一点与连锁聚合相似。但在聚合过程中聚合物的分子量不断增大，分子量随单体反应程度的增大而增大，这一点具有逐步聚合的特征。

四氢呋喃为五元环的环醚类化合物，是一种无色、具有类似乙醚气味、低黏度的透明液体。在室温条件下，可以与水发生部分混溶，为了防止其氧化，通常选用氢氧化钠置于瓶中密封并在暗处保存，具有流动性好、沸点低、低毒性等特点。四氢呋喃环内含有一个氧原子，并具有未共用电子对，为亲电中心，可与亲电试剂（主要有 Lewis 酸，如 BF_3、$AlCl_3$、$SbCl_5$、$SnCl_4$；含氧酸，如硫酸、三氟磺酸、高氯酸和乙酸等）发生反应进行阳离子开环聚合。但四氢呋喃为五元环单体，反应速率较慢，具有环张力较小、聚合活性较低等特点，需在较强的含氢酸引发作用下，才能发生阳离子开环聚合。经实验证明：四氢呋喃在高氯酸引发（乙酸酐存在下）作用下，可合成分子量为 1000～3000 的聚四氢呋喃。化学反应原理如下（HA 代表高氯酸 $HClO_4$）：

链引发反应：

链增长反应：

链终止反应：

$$H \left[O-(CH_2)_4 \right]_{n+1} \overset{\oplus}{\underset{A^\ominus}{O}}{<}\overset{H_2}{\underset{H_2C}{C}}\overset{CH_2}{\underset{CH_2}{}} + H_2O \xrightarrow{NaOH} H \left[O-(CH_2)_4 \right]_{n+2} OH + HA$$

$$HA + NaOH \longrightarrow NaA + H_2O$$

三、实验试剂和仪器

1. 主要试剂：四氢呋喃、高氯酸、乙酸酐、甲苯、氢氧化钠、蒸馏水。

2. 主要仪器：三口烧瓶（250mL、500mL）、机械搅拌器、电热套、量筒（100mL、50mL）、烧杯（50mL、250mL、500mL）、温度计、分液漏斗、天平、冰箱、真空干燥箱、滴液漏斗。

四、实验步骤

1. 向装有滴液漏斗、温度计与机械搅拌器的 250mL 三口烧瓶中，加入 76.5g 乙酸酐，并冷却至 $-12 \sim -8$℃。在低速搅拌下缓慢加入 5.03g 高氯酸，温度控制在 $0 \sim 4$℃，搅拌 $6 \sim 9$min，溶液变为金黄色后停止反应，并将其放入冰箱中备用。

2. 向装有滴液漏斗、温度计与机械搅拌器的 500mL 三口烧瓶中，加入 322.5g 四氢呋喃，并冷却至 $-12 \sim -8$℃，在缓慢搅拌下加入上述冰箱备用溶液，温度控制在 $0 \sim 4$℃，溶液加完以后在此条件下反应 2h，将温度升高到 $8 \sim 12$℃反应 2h，再将反应体系冷却至 $3 \sim 7$℃，滴加 40％的氢氧化钠溶液，使体系的 pH 值为 $6 \sim 8$。

3. 换上蒸馏装置，对上述体系进行蒸馏，将 $65 \sim 67$℃的馏分收集。换上回流装置继续加热，将体系的温度升高至 $116 \sim 120$℃并保持不变，高速搅拌 $4 \sim 5$h，停止反应。冷却至 45℃以下将产物倒出。

4. 在产物中加入 $100 \sim 120$mL 甲苯和 100mL 蒸馏水，用氢氧化钠溶液和乙酸酐将体系的 pH 值调整为 $7 \sim 8$。用分液漏斗分去下面水层，用蒸馏水清洗 $5 \sim 6$ 次，将 pH 值调整为 7。用蒸馏装置将甲苯和剩余的水蒸出，将 110.6℃的馏分收集，得到了分子量为 $1000 \sim 3000$ 的聚四氢呋喃。最后将聚四氢呋喃放入 $45 \sim 55$℃下的真空干燥箱中脱水 3h。

五、注意事项

1. 实验中低温控制可以采用氯化钠-冰体系，根据所需温度的高低来调节氯化钠和冰的比例。氯化钠所占比例越高，体系温度越低。

2. 实验中滴加 40％的氢氧化钠时，滴加速度一定要慢。随着反应的终止，可以加快滴加。

3. 反应过程中需注意温度的控制，不要使体系温度超过 40℃，否则，由于反应比较剧烈，反应物有喷出的可能。

六、思考题

1. 阳离子聚合时，对单体和催化剂有什么要求？阳离子开环聚合有哪些特点？

2. 不同的引发剂对合成的聚四氢呋喃分子量是否有影响？有什么影响？

3. 阳离子聚合时，为什么需要在低温下进行？

4. 高氯酸和甲苯在整个反应体系中的作用是什么？如何确定聚四氢呋喃的平均分子量？

实验 10　苯乙烯的阴离子聚合

一、实验目的

1. 了解阴离子聚合的反应机理及特征。
2. 掌握萘-钠引发剂的制备及引发机理。
3. 掌握苯乙烯阴离子聚合的操作方法。

二、实验原理

阴离子聚合是连锁聚合反应的一种，是指活性中心是阴离子的连锁聚合。通常连锁聚合包括三个基元反应：链引发、链增长、链终止。在一定条件下，阴离子聚合可以实现无终止的活性计量聚合，即反应体系中形成活性中心，同步开始发生聚合物链增长，不发生链终止、链转移等反应，整个活性中心能长时间保持聚合活性，这是阴离子活性聚合的特点。因此，可以通过控制单体与引发剂的加入量有效控制阴离子聚合聚合物的分子量，而且获得的聚合物分子量分布亦很窄。

阴离子聚合反应的单体一般是带吸电子取代基的单体，如共轭烯类、羰基化合物、含氧二元杂环化合物、含氧杂环化合物等。在阴离子聚合反应中，引发剂的引发类型有两种。一种是阴离子加成引发，引发阴离子与抗衡阳离子的解离程度不同，有两种情况：

① 自由离子。在极性溶剂中，引发剂主要以自由离子的形式存在，引发反应为引发阴离子与单体的简单加成。

② 紧密离子对。在非极性溶剂中，引发剂主要以紧密离子对的形式存在，一般认为引发剂与单体先形成 π-复合物，再引发聚合。

另一种是电子转移引发，通常是由引发剂将电子转移给单体，形成单体阴离子自由基，两个阴离子自由基结合成一个双阴离子再引发单体聚合。阴离子聚合多采用溶液聚合方法，选用的溶剂一般是烷烃、芳烃等。由于活性中心易与含活泼氢的物质反应，因此，上述参与阴离子聚合的各组分需要高度纯化，反应要隔绝空气，排除水分和杂质等。

在本实验中，我们采用萘-钠体系作为引发剂，苯乙烯作为活性单体进行阴离子聚合，整个萘-钠引发体系引发苯乙烯聚合过程分为三步：①萘自由基阴离子的生成；②萘自由基阴离子将电子转移给单体，形成单体自由基阴离子；③两个单体自由基阴离子偶合成为双阴离子，而后双向引发聚合。

三、实验试剂和仪器

1. 主要试剂：萘、钠、苯乙烯、四氢呋喃、乙醇、甲醇、液氮。
2. 主要仪器：二口烧瓶、电磁搅拌器、注射器、分析天平、量筒、计泡器、烘箱、布氏漏斗、真空干燥箱、溶剂干燥回流装置、冷凝管、通氮系统。

四、实验步骤

1. 萘-钠引发剂的制备

依据图 4-4 将反应装置组装好，通氮气、抽真空各三次，每次间隔 10min。在通氮气的情况下，用减量法称取 2.3g 钠，迅速加入到二口烧瓶中，再加入干燥好、刚蒸出的四氢呋喃 40mL，加 14.4g 萘，迅速塞上橡皮塞，停止通氮，接真空系统，出口换上计泡器。室温反应 6h，随着反应的进行，体系颜色逐渐变深至深绿色，用注射器在氮气气氛下将制好的萘-钠引发剂转移到密封容器中。

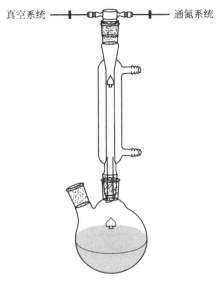

图 4-4　简易阴离子引发剂反应装置

2. 苯乙烯阴离子聚合

苯乙烯阴离子聚合使用双排管聚合体系，在进行实验之前，需将反应所用的注射器、注射针头、磁力转子以及其他玻璃仪器放置烘箱中 100℃ 干燥过夜。体系抽真空、通氮气，反复两次，并保持体系中为正压。用合适的注射器先后注入 25mL 四氢呋喃、3mL 苯乙烯，打开电磁搅拌器，加丙酮-液氮冷浴冷却，再加入提前制备好的萘-钠溶液 0.1mL，观察溶液颜色变化。添加液氮，保持冷浴为糊状，继续反应 5min，用注射器加入乙醇 1mL 终止聚合，观察体系颜色变化。在搅拌条件下，将聚合物溶液采用 100mL 甲醇沉淀，然后用布氏漏斗过滤、乙醇洗涤，抽干后放置真空干燥箱内干燥。

五、注意事项

1. 液氮不能加得过多，否则会使溶剂凝固，不利于聚合反应的进行。
2. 实验前必须熟悉真空通氮系统，避免在实验过程中发生意外。
3. 整个反应必须保持无水无氧体系。

六、思考题

1. 萘-钠引发剂引发阴离子聚合，属于哪种类型？
2. 如果反应体系中有 H_2O、CO_2、O_2 等杂质，对聚合反应有哪些影响？
3. 阴离子聚合反应有哪些特点？
4. 活性聚合应满足哪些条件？

实验 11　丁二烯的配位聚合

一、实验目的

1. 了解配位聚合的基本原理以及反应特点。
2. 了解配位聚合配方组成的计算。
3. 掌握丁二烯单体配位聚合生成顺丁橡胶的实验方法。

二、实验原理

配位聚合是指烯烃类单体分子的碳碳双键首先在过渡金属催化剂活性中心的空位上配位活化，形成某种形式的配位化合物（又称络合物），随后单体分子相继插入过渡金属-碳键中进行增长的聚合方式。配位聚合反应显著的特点是能够聚合形成立体构型规整的聚合物，即链节沿分子链具有立构规整的排列。配位聚合中最主要的部分为催化体系，通常称为Ziegler-Natta（齐格勒-纳塔）催化剂，其主要包含主催化剂和共催化剂两部分。

本实验通过 Ni-Al-B 三组分催化剂以抽余油为溶剂对丁二烯单体进行配位聚合制备聚丁二烯橡胶。Ni-Al-B 三组分催化剂之间存在化学反应，根据其组分配比的不同，将会生成不同的产物，下面以 Al-B 为例，对其进行分析。

当 Al/B＝1 时，反应如下：

$$Al(i\text{-}C_4H_9)_3 + BF_3OEt_2 \longrightarrow Al(i\text{-}C_4H_9)_2F + BF_2(i\text{-}C_4H_9) + Et_2O$$

根据反应时间的不同，可以得到不同的产物，若继续延长反应时间，则还可以得到 $Al(i\text{-}C_4H_9)F_2$、$AlF_2B(i\text{-}C_4H_9)_2$ 等产物。

当 Al/B＝3 时，其反应如下：

$$AlR_3 + 3BF_3Et_2O \longrightarrow AlF_3 + 3BF_2R + Et_2O$$

已有实验和生产实践均证明当 Al/B＝3 时，其催化活性较高，说明活性中心组成可能含有 AlF_3。

实验证明：Ni、Al、B 分别单独与丁二烯并不发生化学反应，但在配制陈化液过程中加入少量丁二烯，不仅可以提高催化剂的稳定性，同时还可以提高催化剂的催化活性。这一实验结果普遍认为是因为丁二烯分子中 π 键上的电子与镍（Ni^+ 或 Ni^0）配位形成了 π 配位化合物。

三、实验试剂和仪器

1. 主要试剂：丁二烯、三异丁基铝、环烷酸镍、三氟化硼乙醚络合物、抽余油、乙醇、2，6-二叔丁基-4-甲基苯酚、氮气。
2. 主要仪器：吸收瓶、加料管、聚合瓶、陈化瓶、培养皿、塑料导管、真空系统、红外灯、烧杯、注射器、恒温水浴锅、真空干燥箱、氮气系统、分析天平。

四、实验步骤

1. 容器的预处理

将清洗过的聚合瓶、加料管和陈化瓶用塑料导管依次连接到真空系统中，在红外灯照射加热的情况下将各个容器中的空气及其水分全部排出，接着充入氮气置换，重复以上操作至少三次。在氮气保护条件下取出以上容器，自然冷却备用。

2. 丁油的配制

量取一定量的抽余油加入吸收瓶中，将吸收瓶放入冰水混合物中冷却，采用称重法吸收汽化的丁二烯到预定值。其中，丁二烯溶液的浓度为 15g/100mL。

3. 催化剂 Al-Ni 陈化液的配制

用注射器量取一定量的 Ni 加入陈化液瓶中，再用相同量程的注射器量取相同量的 Al 慢慢加入陈化瓶中，并观察颜色的变化，加完后在室温条件下陈化 10min 后将其倒入聚合瓶中进一步反应。

4. 丁二烯的配位聚合

按一定比例计算丁油、催化剂 Al-Ni 陈化液、B 和最后补加丁油的量，准确量取后依次加入聚合瓶中，摇匀后放入 40℃ 恒温水浴锅中，静置反应 30～90min。当摇动聚合瓶时，若有小气泡产生且不即刻消失，则说明发生聚合反应。

5. 聚合物的后处理

反应停止后向聚合瓶中加入 2mL 的防老剂 2,6-二叔丁基-4-甲基苯酚乙醇溶液。然后将胶液倒进烧杯中，并在搅拌的同时慢慢加入乙醇，使聚合物析出。接着，将析出的聚合物移至培养皿中，放入真空干燥箱干燥至恒重，测定单体的转化率。

五、注意事项

1. 在步骤 2 中将丁二烯在冰水浴条件下吸收到抽余油中时，为了避免吸收瓶或保温瓶发生炸裂，一定要小心缓慢进行。

2. 在配制催化剂时，为了避免误差，可量取过量试剂，供多人实验使用。

六、思考题

1. Ni、Al、B 三种催化剂之间发生何种反应？试着写出其反应方程式。分别写出各种原料在整个反应体系中所起的作用。

2. Ni、Al、B 三种催化剂的比例、用量以及陈化方式对聚合产物的分子量、催化活性和转化率是否有影响？催化剂的配制过程中为何需要陈化？

3. 在聚合时，催化剂的加料顺序是否对产物有影响？

4. 聚合原料应如何处理？为何要对聚合瓶、加料管和陈化瓶进行反复抽排处理？

实验 12　界面缩聚制备尼龙-610

一、实验目的

1. 掌握缩聚反应机理与界面缩聚的基本原理和特点。
2. 掌握界面缩聚反应的具体实施方法。
3. 掌握界面缩聚方法制备尼龙-610。

二、实验原理

界面缩聚是缩聚反应特有的实施方式之一，它是将两种单体分别溶解于互不相溶的两种溶剂中，然后将两种溶液相互混合，并在两种溶液的界面上进行缩聚反应。通常缩聚反应生成的聚合产物不溶于溶剂，在界面中析出。这种界面聚合方式适合于不可逆缩聚反应，一般要求单体具有较高的反应活性。

界面缩聚的机理不同于一般的逐步聚合反应。首先，单体由溶液扩散到界面，并与聚合物分子链端的官能团发生缩合反应。通常整个缩聚反应发生在界面的有机相一侧，并且有以下特点：①界面缩聚是一种非平衡缩聚反应。通常采用活泼单体在两溶液界面上发生缩聚生成聚合物，在反应中析出的小分子化合物溶于某一液相或被溶液吸收，因此整个界面缩聚反应速率快。如果不断从界面处移出生成的聚合物，新聚合物将不断生成。②由于反应只在界面发生，所以两种反应物并不需要以严格的摩尔比加入。③高分子量聚合物的生成与总的转化率无关，扩散一般是控制界面聚合反应的主要因素。④由于界面缩聚反应温度低，可以避免高温引起的副反应。因此，生成的聚合物分子量一般很高。⑤反应一直进行到一种试剂被用完，所以收率往往很高。要保证界面缩聚反应成功地进行，需要注意以下因素：采用搅拌、振荡等机械方法可以提高界面的总面积；反应过程中需要及时将生成的聚合物移走，使聚合反应不断进行；如果反应过程中有酸性物质生成，需要在水相中加入碱性物质中和。有机溶剂的选择要考虑溶剂仅能够使低分子量聚合物溶解，而使高分子量聚合物沉淀。

界面缩聚已经用于几种缩聚物的合成，如聚酰胺、聚碳酸酯等。这种聚合方法具有设备简单、操作容易、可连续获得聚合物、反应温度低等优点。但这种聚合方法需要高活性单体，适用的单体不多，而且需要使用大量有机溶剂，成本比较高，因此实际应用受到限制。

聚酰胺（俗称尼龙）是具有许多重复酰氨基团的线型热塑性树脂的统称。一般由二元酸和二元胺或氨基酸经过缩聚反应得到，由于聚合物链段中带有极性的酰氨基团，能够形成氢键，结晶度高，力学性能好。本实验先由癸二酸制备癸二酰氯，然后由癸二酰氯和己二胺界面缩聚制备尼龙-610，反应式如下：

$$HOOC-(CH_2)_8-COOH+SOCl_2 \longrightarrow ClOC(CH_2)_8COCl+SO_2+HCl$$
$$nClOC(CH_2)_8COCl+nNH_2(CH_2)_6NH_2 \longrightarrow *\!\!\left[\!NH(CH_2)_6NH-OC(CH_2)_8CO\right]_n\!\!* +2nCl$$

三、实验试剂和仪器

1. 主要试剂：癸二酸、己二胺、氯化亚砜、氢氧化钠、二甲基甲酰胺、蒸馏水、四氯化碳、盐酸。
2. 主要仪器：磁力搅拌器、圆底烧瓶、回流装置、气体吸收装置、减压蒸馏装置、天平、滴管、锥形瓶、玻璃棒、烧杯、漏斗、机械搅拌装置。

四、实验步骤

1. 癸二酰氯的制备

① 在 100mL 圆底烧瓶中分别加入 20g 癸二酸和 40g 氯化亚砜（氯化亚砜必须过量 112.5％以上），并配置回流装置和气体吸收装置。

② 向圆底烧瓶中加入两滴二甲基甲酰胺，立即有大量气体生成，加热至 50℃反应 2h 左右，直至无氯化氢气体生成。

③ 回流装置改为减压蒸馏装置，快速蒸馏收集 66.66Pa 压力下 124℃的馏分，得到无色的癸二酰氯。

2. 界面聚合

① 在 100mL 烧瓶中分别加入 2.52g 己二胺、3.0g 氢氧化钠和 50mL 蒸馏水，搅拌溶解。

② 在 250mL 锥形瓶中加入 2.4g 癸二酰氯和 50mL 四氯化碳，然后搅拌使两者混合均匀。

③ 沿着瓶壁将己二胺溶液缓缓倒入癸二酰氯溶液中，用玻璃棒小心将界面处的聚合物拉出，并缠在玻璃棒上，直至癸二酰氯反应完毕。

④ 用 3％的盐酸溶液洗涤以终止聚合，再用蒸馏水洗涤至中性，于 80℃真空干燥，得到聚合物，称重。

五、思考题

1. 界面缩聚中为什么要形成两相？分析界面聚合的机理。

2. 根据聚合机理分析本实验中采取各种措施的原因。

3. 如何测定缩聚反应的反应程度和聚合物分子量的大小？

实验 13　热塑性聚氨酯弹性体的制备

一、实验目的

1. 了解逐步加聚的原理。
2. 熟悉聚氨酯弹性体的制备过程。
3. 了解热塑性弹性体的结构特点和性能。

二、实验原理

聚氨酯是指在聚合物主链上含有氨基甲酸酯基团（—NHCOO—）的高分子化合物。它是由二异氰酸酯的异氰酸酯基团与二元醇的羟基发生逐步加成反应而得。如果整个聚合过程中采用聚醚二元醇或聚酯二元醇参与聚氨酯合成，则可以使聚氨酯聚合物链具有一定柔性，当它们与过量的二异氰酸酯发生反应时，可以生成末端带有异氰酸酯基团的预聚体，再加入小分子扩链剂（如二元醇或二元胺）进行扩链反应，最终形成线型的聚氨酯弹性体。这种聚氨酯弹性体可以看作是由柔性链段和刚性链段组成的（AB）$_n$ 型多嵌段聚合物。其中，A 段为柔性链段（聚酯和聚醚），B 段为刚性链段（由异氰酸酯和扩链剂组成）。在室温条件下，聚氨酯分子间存在较强的氢键作用，在分子中起着交联点的作用，赋予了聚氨酯高弹性；升高温度后，氢键作用减弱，交联作用减弱，使得聚合物具有热塑性。因此，这种聚氨酯在低温下为物理交联的体型结构，高温下具有与热塑性塑料相同的加工性能，因而称为热塑性聚氨酯弹性体。

$$OCN—R—NCO + HO—R'—OH \longrightarrow$$
$$HOR\left[\!\!-OCONH—R'—NHOCOR-\!\!\right]_nO—CONHr'NCO$$

对热塑性聚氨酯弹性体从结构上进行分析发现：柔性链段使聚合物的玻璃化转变温度和黏流转变温度下降，硬度和机械强度降低；刚性链段会使大分子的运动被束缚，导致玻璃化转变温度和黏流转变温度上升，硬度和机械强度提高。因此，通过调节两种链段的比例可以制备出不同性能的弹性体。

$$OCN—R'—NCO + HO \sim\!\!\sim OH \longrightarrow OCN \sim\!\!\sim NCO$$
$$OCN \sim\!\!\sim NCO + HO—R—OH \longrightarrow$$
$$\sim\!\!\sim OCHN \sim\!\!\sim \boxed{NHCO—O—R—O—OCHN} \sim\!\!\sim NHCO$$

　　　　　　　　　　　柔性链段　　　　　刚性链段

热塑性聚氨酯弹性体材料具有高模量、强度，优良耐磨性、耐化学品性、耐水解性等优良性能，被广泛应用于电缆、服装、汽车、医药等众多领域。目前，制备热塑性聚氨酯弹性体可以采用一步法和预聚体法。一步法中，先将双羟基封端的聚酯或者聚醚和扩链剂充分混合，然后在一定条件下加入计量的二异氰酸酯，均匀混合反应。预聚体法先是由二异氰酸酯与低分子量的二元羟基化合物反应，制得端基含—NCO 的多异氰酸酯预聚物，再通过预聚物与扩链剂发生化学反应。本实验采用溶液法和本体法来制备聚醚型和聚酯型聚氨酯弹性体。

三、实验试剂和仪器

1. 主要试剂：1,4-丁二醇（钠回流干燥）、聚酯（两端为羟基，分子量 1500 左右）或者双羟基封端的聚四氢呋喃（分子量 1500 左右）、甲苯二异氰酸酯（TDI）、二甲亚砜、异丁酮、聚醚、乙醇、脱模剂、二丁基月桂酸锡、抗氧剂 1010、蒸馏水。

2. 主要仪器：四口烧瓶、机械搅拌器、滴管、铝盘、加热套、氮气系统、真空干燥箱、烘箱、平板电炉、滴液漏斗、温度计、天平、量筒、烧杯。

四、实验步骤

1. 溶液法

① 预聚体的制备。在安装有机械搅拌器、滴液漏斗、温度计和氮气系统的 250mL 四口烧瓶中，分别加入 7.0g TDI、15mL 二甲亚砜和异丁酮的混合溶剂（体积比＝1∶1）。开动搅拌器，通入氮气，升温至 60℃，使 TDI 全部溶解。然后称取 20g 聚醚，溶于 15mL 混合溶剂中，待溶解后从滴液漏斗慢慢加入四口烧瓶中。60℃继续反应 2h，得到无色透明预聚体溶液。

② 扩链反应。将 1.8g 1,4-丁二醇溶解在 5mL 二甲亚砜和异丁酮的混合溶剂中，用滴液漏斗缓缓加入上述预聚体溶液中。当黏度增加的时候可以适当加快搅拌速度，继续反应 1.5h。如果黏度过大，可适当补加混合溶剂搅拌均匀，然后将聚合物溶液倒入装有蒸馏水的烧杯中，产物以白色固体析出。

③ 后处理。产物在水中浸泡过夜，用水洗涤，再用乙醇浸泡 1h 后用水洗涤，使用烘箱烘干后，再放入真空干燥箱内充分干燥，得到聚醚型聚氨酯弹性体，计算产率。

2. 本体法

将 75g 聚醚、9.0g 1,4-丁二醇和反应物总量 1% 的抗氧剂 1010，分别加入装有温度计和机械搅拌器的 200mL 四口烧瓶中。将其置于平板电炉上，开动搅拌，加热至 120℃。加入两滴二丁基月桂酸锡，然后在搅拌下将预热到 100℃的 37.5g TDI 迅速加入反应器中。随聚合物黏度增加，不断加快搅拌速度。待反应温度不再上升，除去搅拌器，将产物倒入涂有脱模剂的铝盘中，于 80℃烘箱中加热 24h 完成反应。

五、思考题

1. 热塑性弹性体应该具有怎样的分子结构？
2. 在合成聚氨酯过程中，如果混入较多的水对实验有什么影响？
3. 溶液法和本体法制备热塑性聚氨酯弹性体有什么不同？

实验 14　双酚 A 环氧树脂的制备

一、实验目的

1. 深入理解逐步聚合的基本原理。
2. 熟悉双酚 A 环氧树脂的制备方法。
3. 了解双酚 A 环氧树脂的性能和使用方法。
4. 掌握环氧值的测定方法。

二、实验原理

环氧树脂是指分子中含有两个或两个以上环氧基团的聚合物。众多环氧树脂是由环氧氯丙烷为主要单体，与多元酚、多元醇或多元胺反应的产物。常用的如：环氧氯丙烷与酚醛缩合物反应生成的酚醛环氧树脂；环氧氯丙烷与甘油反应生成的甘油环氧树脂；环氧氯丙烷与二酚基丙烷（双酚 A）反应生成的二丙烷环氧树脂等。根据分子结构，环氧树脂大体可以分为五大类型，即缩水甘油酯类、缩水甘油醚类、缩水甘油胺类、线型脂肪族类、脂环族类。

环氧树脂为主链上含醚键和仲羟基，端基为环氧基的预聚体，其中的醚键和仲羟基为极性基团，可与多种表面之间形成较强的相互作用。而环氧基则可与介质表面的活性基团，特别是无机材料或金属材料表面的活性基团起反应形成化学键，产生强力的黏结。因此，环氧树脂具有许多优点，如黏附力强、收缩率低、尺寸稳定性好、固化方便、化学稳定性好、电绝缘性能好等。

目前使用的环氧树脂 90% 以上是双酚 A 型环氧树脂，由双酚 A 与过量的环氧氯丙烷在氢氧化钠作用下缩聚而成。其反应式为：

$$(n-2)H_2C\!-\!CHCH_2Cl + (n+1)HO\!-\!\!\bigcirc\!\!\underset{CH_3}{\overset{CH_3}{C}}\!\!\bigcirc\!\!-OH \xrightarrow{(n+2)NaOH}$$

$$H_2C\!-\!CHCH_2\!-\!O\!-\!\!\bigcirc\!\!\underset{CH_3}{\overset{CH_3}{C}}\!\!\bigcirc\!\!-O\!-\!CHCH_2\!-\!]_n$$

$$O\!-\!\!\bigcirc\!\!\underset{CH_3}{\overset{CH_3}{C}}\!\!\bigcirc\!\!-OCH_2CH\!-\!CH_2 + (n+2)NaCl + (n+2)H_2O$$

改变原料配比和聚合反应条件（如温度、反应介质及加料顺序等），可获得不同分子量与软化点的双酚 A 环氧树脂。生产上将双酚 A 环氧树脂分为高分子量、中分子量及低分子量三种。通常软化点低于 50℃（平均聚合度 $n<2$）时称为低分子量环氧树脂或称软树脂；软化点在 50～90℃（$n=2\sim5$）时称为中等分子量树脂；软化点在 100℃ 以上（$n>5$）时称为高分子量树脂。环氧树脂的分子量与单体的配料比有密切关系，当反应条件相同，环氧氯丙烷与双酚 A 的质量之比越接近于 1:1 时，所得的树脂分子量就越大；碱的用量越多或浓度越高，所得树脂的分子量就越低。

为使产物分子链两端都带环氧基，必须使用过量的环氧氯丙烷。树脂中环氧基的含量是控制反应和树脂应用的重要参数，根据环氧基的含量可计算产物分子量，环氧基含量也是计算固化剂用量的依据。环氧基含量可用环氧值或环氧基的质量分数来表示。环氧基的质量分数是指每 100g 树脂中所含环氧基的质量，而环氧值是指每 100g 环氧树脂所含环氧基的物质的量（mol）。环氧值采用滴定的方法来获得。

由于环氧树脂在未固化前是热塑性的线型结构，使用时必须加入固化剂。固化剂与环氧树脂的环氧基反应，变成网状的热固性大分子制品。固化剂的种类很多，最常用的有多元胺、酸酐及羧酸等。

三、实验试剂和仪器

1. 主要试剂：双酚 A、环氧氯丙烷、甲苯、氢氧化钠、盐酸、去离子水、丙酮、酚酞指示剂、乙醇、邻苯二甲酸氢钾、硝酸银等。

2. 主要仪器：三口烧瓶、回流冷凝管、恒压滴液漏斗、分液漏斗、蒸馏瓶、搅拌器、恒温水浴锅、温度计、天平、磨口锥形瓶。

四、实验步骤

1. 双酚 A 环氧树脂制备

① 准确称取 22.8g（0.1mol）双酚 A、28g（0.3mol）环氧氯丙烷加入 250mL 三口烧瓶中。

② 在搅拌条件下缓慢升温，升至约 70℃，待双酚 A 全部溶解后，用恒压滴液漏斗向三口烧瓶缓慢滴加质量浓度为 200g/L 的 NaOH 溶液 40mL，此过程保持温度在 70℃ 以下。若温度过高，可降低滴加速度，约 30min 滴加完毕。

③ 滴加完毕后，将恒压滴液漏斗撤去，换成回流冷凝管，并在 70～80℃ 下继续反应 2h。

④ 在搅拌条件下用 25%（质量分数）稀盐酸中和反应液至中性（注意充分搅拌，使其中和完全）。

⑤ 向瓶内加去离子水 30mL、甲苯 60mL，充分搅拌并倒入 250mL 分液漏斗中，静置片刻，分去水层，再用去离子水洗涤数次至水相中无 Cl^-（用 $AgNO_3$ 溶液检验），分出有机层。

⑥ 减压蒸馏除去甲苯及残余的水，蒸馏瓶中剩下的黄色黏稠液体即为环氧树脂。

2. 环氧值的测定

环氧值是环氧树脂质量的重要指标，是计算固化剂用量的依据。环氧树脂的分子量越高，环氧值相应越低，一般低分子量环氧树脂的环氧值在 0.48～0.57。另外，还可用环氧基质量分数和环氧物质的量［一个环氧基的环氧树脂质量（g）］来表示，三者之间的互换关系为：

$$环氧值 = \frac{环氧基质量分数}{环氧基分子量} = \frac{1}{环氧物质的量}$$

因为环氧树脂中的环氧基在盐酸溶液中能被开环，所以测定所消耗的 HCl 量，即可算出环氧值。其反应式为：

过量的 HCl 用标准的氢氧化钠-乙醇液回滴。

对于分子量小于 1500 的环氧树脂，其环氧值用盐酸-丙酮法测定，分子量高的用盐酸-吡啶法测定。具体操作如下：称取 1g 左右环氧树脂，放入 150mL 的磨口锥形瓶中，加 25mL 盐酸-丙酮溶液，加塞摇晃至树脂完全溶解，静置 1h，加入酚酞指示剂 3 滴，用 NaOH-乙醇溶液滴定至浅粉红色，同时按上述条件做空白实验两次。

$$环氧值 E_{pv} = \frac{(V_0 - V_1)c}{10m}$$

式中，V_0、V_1 为空白和样品滴定所消耗的 NaOH 体积；c 为 NaOH 溶液的浓度；m 为称取树脂质量。

注释：

① 盐酸-丙酮溶液：2mL 浓盐酸溶于 80mL 丙酮中，混合均匀。

② NaOH-乙醇溶液：将 4g NaOH 溶于 100mL 乙醇中，用标准邻苯二甲酸氢钾溶液标定，酚酞作指示剂。

五、注意事项

1. 线型环氧树脂为黄色至青铜色的黏稠液体或脆性固体，易溶于有机溶剂中。

2. 未加固化剂的环氧树脂有热塑性，可长期储存而不变质。

3. 环氧树脂主要参数是环氧值，固化剂的用量与环氧值成正比。因此，固化剂的用量对成品的力学性能影响很大，必须控制适当。

六、思考题

1. 环氧树脂的分子结构有何特点？为何环氧树脂具有优良的黏结性能？

2. 为什么线型环氧树脂在使用中必须加入固化剂？固化剂的类型有哪些？

3. 在合成环氧树脂过程中，为何加入 NaOH？NaOH 加入量不足，对产物性能有何影响？

实验 15　线型酚醛树脂的制备

一、实验目的

1. 了解和掌握线型酚醛树脂的合成方法。
2. 认识缩聚反应的特点及反应条件对产物性能的影响。
3. 掌握苯酚存在下测定甲醛含量的方法。

二、实验原理

酚醛树脂俗称电木，是一种合成塑料，无色或黄褐色透明固体。酚醛树脂由苯酚和甲醛在催化剂条件下经缩聚而制得。因选用的催化剂不同，苯酚-甲醛树脂可以分为线型酚醛树脂、热塑性酚醛树脂和油溶性酚醛树脂。

酚醛树脂是最早实现工业化的合成树脂，它具有众多优点，如抗电、抗湿、耐腐蚀、强度高和稳定性好等。大多数酚醛树脂都需要加入填料增强，通用级填料为黏土、矿物质粉、木粉、短纤维等，工程级填料为碳纤维、玻璃纤维、石墨等。因此，酚醛树脂用途非常广泛，比如：可以作为黏合剂，用于胶合板、砂轮和纤维板；可以作为塑料，用于开关、插座及电器外壳；可以作为涂料，如酚醛清漆；含有酚醛树脂的复合材料，可以用于航空和飞行器等。

本实验采用盐酸作为催化剂，使甲醛单体与过量苯酚缩聚。由于甲醛用量相对不足，可以制备得到线型酚醛树脂，其反应式如下：

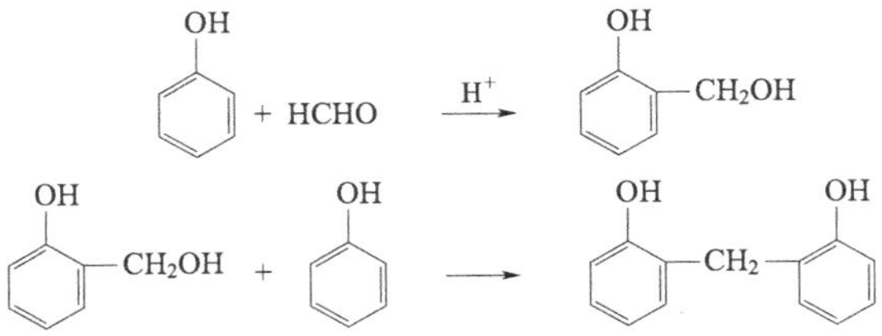

继续反应可以生成线型大分子：

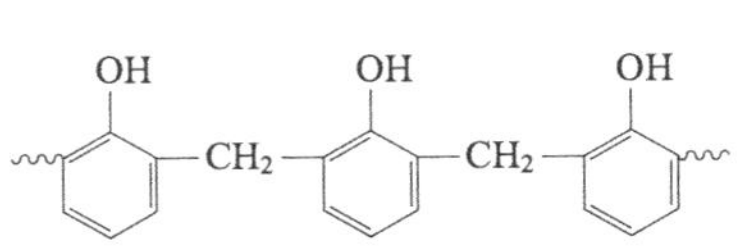

线型酚醛树脂可作为合成酚醛-环氧树脂的原料，也可以作为环氧树脂的交联剂，还可以与六亚甲基四胺、木粉、氧化镁等混合制备压塑片。

三、实验试剂和仪器

1. 主要试剂：甲醛、苯酚、盐酸、酚酞、NaOH 标准溶液、亚硫酸钠、蒸馏水。
2. 主要仪器：三口烧瓶、搅拌器、回流冷凝管、温度计、天平、加热套、蒸发皿、吸管、移液管、锥形瓶、煤气灯、滴管。

四、实验步骤

1. 线型酚醛树脂的合成

① 在装有搅拌器、回流冷凝管和温度计的 250mL 三口烧瓶中，分别加入 41g 甲醛和 50g 苯酚，混合均匀。

② 打开冷凝水，加热套缓缓加热，使温度保持在 60℃，加 1.0mL 盐酸，反应即开始。

③ 反应 3h 后，将反应瓶中的全部物料倒入蒸发皿中。冷却后倒去上层水，下层缩合物用水洗涤数次，至中性为止。

④ 用小火加热，使水蒸发完，移去煤气灯，倒在铁皮上冷却，称量。

2. 甲醛含量测定

分析甲醛含量的化学反应方程式如下。该方法是以酚酞作指示剂，根据甲醛和亚硫酸钠生成氢氧化钠的量来计算甲醛的含量。

$$HCHO + Na_2SO_3 + H_2O \longrightarrow H-\overset{\overset{\displaystyle H}{|}}{\underset{\underset{\displaystyle SO_2Na}{|}}{C}}-OH + NaOH$$

准确称量 3g 苯酚与甲醛的混合物，并放在 250mL 锥形瓶中，加 25mL 蒸馏水，再加 3 滴酚酞，用 NaOH 标准溶液滴定至呈红色。再加 50mL 1mol/L 的亚硫酸钠溶液。在室温下放置混合物 2h，使亚硫酸钠溶液与甲醛反应完全，然后用 0.5mol/L 的 HCl 溶液滴定至褪色为止。

五、思考题

1. 环氧树脂是否可以作为线型酚醛树脂的交联剂？
2. 本实验是否可以用碱作催化剂？
3. 线型酚醛树脂和体型酚醛树脂在结构上有什么差异？

实验 16　蜜胺树脂微球的制备

一、实验目的

1. 了解和熟悉蜜胺树脂微球的制备原理。
2. 了解蜜胺树脂微球的制备方法。

二、实验原理

蜜胺树脂（也称为三聚氰胺-甲醛树脂）微球是一种由三聚氰胺和甲醛缩聚而成的高分子胶体微球。其表面含有丰富的—NH_2、—NH、—OH 等功能基团，具有密度较大、折射率较高、溶解性高、热稳定性优异、阳离子表面等特点。另外，制备蜜胺树脂微球所需的原料价格低廉，容易获得。蜜胺树脂具有广泛用途，如黏合剂、造纸中的湿强剂和涂料领域的交联剂等。

三聚氰胺（1,3,5-三嗪-2,4,6-三胺，$C_3H_6N_6$）官能度为 6，可以在碱性或酸性催化剂的存在下与 1～6 个甲醛分子反应生成羟甲基三聚氰胺分子。然后，这些羟甲基三聚氰胺衍生物可以通过缩合反应进行交联，在此缩合过程中形成亚甲基醚（—CH_2OCH_2—）和亚甲基（—CH_2—）桥，因此形成具有三维网络结构的三聚氰胺-甲醛树脂聚合物的高支化大分子。根据上述缩聚反应机理，蜜胺树脂的制备类似于硅酸盐的溶胶-凝胶过程。在这些过程中，单体的缩聚最初会产生高度交联的簇（7～10nm）。然后将这些树脂聚合物簇交联并聚集，从而形成相互连接的坚硬的"有机凝胶"。

在本实验中采用两步法制备蜜胺树脂微球。首先通过加热三聚氰胺、多聚甲醛和水的混合物，将不溶性三聚氰胺分子转化为可溶的羟甲基衍生物，制得蜜胺树脂聚合物的预聚物溶液。随后将较高浓度的蜜胺树脂预聚物在较高的温度下加热，以进行有机溶胶-凝胶过程。进行酸催化和热处理以加速蜜胺树脂小团簇的交联和聚集，从而形成更大的蜜胺树脂颗粒。通过调节初始预聚物浓度，可以制备出具有可控尺寸分布的蜜胺树脂胶体微球。

三、实验试剂和仪器

1. 主要试剂：三聚氰胺、多聚甲醛、硫酸（pH 3.5）、超纯水、乙醇。
2. 主要仪器：三口烧瓶、回流冷凝管、温度计、天平、磁力搅拌器、恒温水浴锅、滤纸、真空干燥箱、锥形瓶、恒温油浴锅、漏斗。

四、实验步骤

1. 蜜胺树脂预聚体的制备

① 在装有回流冷凝管和温度计的 250mL 的三口烧瓶中，分别加入 2.6g 的三聚氰胺和 3.7g 的多聚甲醛，50mL 的超纯水，磁力搅拌。

② 打开冷凝水，50℃恒温水浴加热，并以一定转速磁力搅拌 25min，使溶液中的三聚氰胺和多聚甲醛完全溶解。

③ 将反应得到的澄清预聚体溶液使用双层滤纸过滤后待用。

2. 蜜胺树脂微球的制备

① 将制得的预聚体溶液与硫酸（pH 3.5）溶液按照体积比 1∶3 进行混合，然后在 100℃恒温油浴条件下，磁力搅拌溶液。

② 约 15min 后混合澄清溶液开始变浑浊，继续反应 30min 后得到乳白色的蜜胺树脂微球悬浮液。

③ 将得到的悬浮液离心，用水和乙醇各洗涤两次后置于真空干燥箱，得到干燥的蜜胺树脂微球粉末。

五、注意事项

1. 蜜胺树脂预聚体制备完成以后，需用双层滤纸过滤，避免没有溶解的三聚氰胺或者多聚甲醛的存在。

2. 控制好蜜胺树脂预聚体溶液与硫酸溶液的体积比，体积比的改变会影响最终形成微球的尺寸大小和微球的均一性。

六、思考题

1. 本实验是用酸作催化剂来促进蜜胺树脂小团簇的交联和聚集，是否可以用碱作催化剂？

2. 本实验可以通过预聚体浓度的改变控制蜜胺树脂微球的尺寸，是否可以改变其他因素来调控胶体微球尺寸大小？

实验 17 聚乙酸乙烯酯的醇解反应

一、实验目的

1. 了解聚乙酸乙烯酯醇解制备聚乙烯醇的方法。
2. 了解聚乙酸乙烯酯醇解反应的特点以及影响醇解度的因素，掌握醇解度的测定方法。
3. 通过实验加深对高分子化学反应的理解。

二、实验原理

聚乙烯醇（PVA）是一种重要的水溶性高分子，无臭、无毒，为白色或者微黄色絮状固体。它具有较好的化学稳定性及良好的绝缘性、成膜性，具有多元醇的典型化学性质，常应用于制备聚乙烯醇缩醛、维尼纶合成纤维、胶水等。聚乙烯醇不能直接通过烯类单体直接聚合得到，工业上一般都是直接通过聚乙酸乙烯酯的醇解来制备聚乙烯醇。

聚乙酸乙烯酯（PVAc）的醇解可以在酸性或碱性催化条件下进行，在使用酸性条件醇解时，由于少量的酸很难从 PVA 中除去，会加速 PVA 的脱水作用，使产物变黄。以酸为催化剂时，作用缓慢，反应时间长。而以碱为催化剂时，不仅反应速率快，而且产品容易洗涤至中性。所以一般实验中，均采用碱性物质作为聚乙酸乙烯酯醇解的催化剂。

本实验使用甲醇作为溶剂的原因是聚乙酸乙烯酯和乙酸乙烯都可以溶于甲醇，而醇解的产物聚乙烯醇（PVA）不溶于甲醇。所以，在反应体系中加入催化剂后即可直接进行醇解。由于产物 PVA 不溶于甲醇，所以当醇解到一定程度时，会观察到明显的相变。聚乙烯醇本身就是一种非电解质表面活性剂，可作为乳液聚合的乳化剂，也可以作为悬浮聚合和分散聚合的稳定剂，还可以用来制备维尼纶。不同醇解度的聚乙烯醇用途不一样。为了获取高醇解度的聚乙烯醇，选择合适的条件是非常必要的。影响醇解度的因素主要有甲醇用量、碱的用量、醇解温度等。

① 甲醇的用量对醇解度的影响很大，甲醇减少，聚合物 PVAc 的浓度增加，醇解度会下降。但是溶剂使用过多会使溶剂损失，回收难度高。所以，寻找一个合适的比例是非常重要的，工业上聚合物 PVAc 的浓度为 22%。

② 碱（NaOH）的用量过大，会增加体系中乙酸钠的含量，影响产品质量。

③ 醇解温度升高可以加速醇解反应，但是副反应也会加快，导致碱的消耗量增加，影响产品质量。因此，工业上使用的温度为 45～48℃。

三、实验试剂和仪器

1. 主要试剂：聚乙酸乙烯酯（PVAc）、甲醇、氢氧化钠、石油醚。
2. 主要仪器：恒温水浴锅、机械搅拌装置、天平、真空泵、三口烧瓶、直型冷凝管、烧杯、量筒、表面皿、滴液漏斗、温度计。

四、实验步骤

1. 向装有机械搅拌装置和直型冷凝管的三口烧瓶中加入 60g 22% PVAc-甲醇溶液。
2. 在 30℃搅拌下慢慢加入 15mL 3% NaOH-甲醇溶液，水浴温度控制在 45℃，反应 1.5h。

3. 体系出现胶冻，加快搅拌速度，继续反应 0.5h。

4. 加入 5mL 3‰ NaOH-甲醇溶液，45℃保温 0.5h，然后升温到 60℃反应 1h。

5. 用真空泵减压除去大部分甲醇，在搅拌的条件下将混合液加入 60mL 石油醚中，可以观察到产物颗粒变硬。

6. 抽滤收集产品，并用 20mL 甲醇洗涤，然后真空干燥。

五、思考题

1. 影响聚合速率、醇解反应以及产物转化率的主要因素是什么？

2. 在 PVAc 醇解反应过程中为什么会出现凝胶？它对醇解有什么影响？

3. 醇解反应发生过程中体系转变为非均相体系，它怎样影响随后的醇解反应？

实验 18　聚乙烯醇缩甲醛的制备

一、实验目的

1. 了解聚乙烯醇缩醛化的化学反应原理。
2. 了解缩醛化反应的主要影响因素。
3. 了解通过高分子化学反应改性原聚合物的性能及实际应用。

二、实验原理

聚乙烯醇（PVA）是水溶性聚合物，本身可以制备形成强度大、耐磨性和韧性好的纤维材料，但由于聚乙烯醇吸湿性大、易溶于水，限制了其应用。因此，通过缩醛化反应来改进 PVA 的强度和耐水性。使用甲醛进行缩醛化反应得到聚乙烯醇缩甲醛（PVF）。控制缩醛反应程度可以拥有不同的性质和用途，例如：维纶纤维就是将缩醛度控制在 35% 左右制得的聚乙烯醇缩甲醛。维纶纤维的性能接近天然纤维，又称"合成棉花"，它不溶于水，是性能优良的合成纤维。缩醛度 75%～85% 的聚乙烯醇缩甲醛主要用途是制造绝缘漆和黏合剂。

作为非纤维制品，聚乙烯醇缩甲醛的缩醛度较低，可作为黏合剂广泛应用于玻璃、金属、纸张、纤维和塑料的结构黏合。本实验合成水溶性的聚乙烯醇缩甲醛，俗称 107 胶水。它是一种广泛使用的合成胶水，无色、透明，易溶于水。由于性能稳定，粘接能力强，生产成本低廉，故在实际工业中被广泛使用。实验过程中必须控制比较低的缩醛度，使整个体系保持均相。若反应过于剧烈，则会使局部缩醛度过高，导致不溶性物质生成并存在于胶水中，影响胶水的质量。因此，在整个聚乙烯醇缩醛化过程中，要特别严格控制催化剂的用量、反应温度、反应时间、反应物比例等因素。本实验中，聚乙烯醇缩甲醛是利用聚乙烯醇与甲醛在盐酸的催化作用下获得的，反应式如下：

聚乙烯醇缩醛化机理为：

三、实验试剂和仪器

1. 主要试剂：聚乙烯醇（PVA）、甲醛、盐酸、NaOH、去离子水、硫酸、麝香草酚酞液、亚硫酸钠。

2. 主要仪器：三口烧瓶、圆底烧瓶、锥形瓶、容量瓶、搅拌器、温度计、球形冷凝管、量筒、天平。

四、实验步骤

① 聚乙烯醇的溶解：在 250mL 的三口烧瓶中，加入 160mL 去离子水、17g PVA，然后升温至 80~90℃使其溶解（要先加去离子水后加 PVA，要慢慢加，避免出现 PVA 成团难以溶解的现象）。

② 待 PVA 全部溶解后，在 90℃条件下加入 3mL 甲醛，然后搅拌 15min。

③ 滴加盐酸与水体积比为 1:4 的盐酸溶液，控制反应体系的 pH 值为 1~3，保持反应温度，不断搅拌，反应体系会逐渐变稠。

④ 当体系中出现气泡或者絮状物时，立即加入 1.5mL 8％的 NaOH 溶液，调节 pH 值为 8~9，冷却出料。

⑤ 聚乙烯醇缩甲醛的缩醛度分析：用水蒸气蒸馏方法破坏聚乙烯醇缩甲醛的缩醛量，生成小分子的甲醛，收集生成的甲醛，并且测定含量，即可确定聚乙烯醇缩甲醛的缩醛度。相应的化学反应方程式如下。

将 1.0g 聚乙烯醇缩甲醛加入圆底烧瓶中，加入 40％硫酸 150g，进行水蒸气蒸馏，用锥形瓶收集馏出液 250mL，吸取 25mL 馏出液，加麝香草酚酞液。以 0.05mol/L 硫酸滴定至终点，记录硫酸用量（V_2）。然后以 30mL 0.5mol/L 亚硫酸钠做空白试验，记录硫酸用量（V_1），计算样品中甲醛的含量和聚乙烯醇缩甲醛的缩醛度。

$$CH_2O(\%) = \frac{(V_1-V_2)M \times 30}{W \times 1000} \times \frac{a}{b}$$

式中，M 为硫酸溶液的摩尔浓度；W 为试样质量；a、b 为容量瓶、吸取分析溶液的体积。

五、思考题

1. 为什么要把最终产物 pH 值调到 8~9？讨论缩醛化 PVA 对酸和碱的稳定性。

2. 为什么缩醛度增加，水溶性会下降？

3. 聚乙烯醇缩醛化反应中，为什么不生成分子间交联的缩醛键？

实验 19　线型聚苯乙烯的磺化

一、实验目的

1. 了解线型聚苯乙烯磺化反应的机理。
2. 掌握线型聚苯乙烯磺化反应的实施方法。
3. 了解如何测定线型聚苯乙烯的磺化度。

二、实验原理

聚苯乙烯是苯乙烯单体经自由基聚合形成的聚合物，其价廉、易加工的特点使其具有极其广泛的应用，如包装材料、生活用品及工业原料。但其自身所具有的耐老化、抗腐蚀、无法自然降解等特点，只能依靠化学工艺对其进行处理。如：加入含芳烃的有机溶剂或直接改性制得涂料和胶黏剂。使用适宜的磺化剂使聚苯乙烯转变为水溶性产品，可应用于增稠剂、阻垢剂、浸渍剂、黏合剂、纺织浆料的生产及土壤保质和石油工业等领域。

线型磺化聚苯乙烯是一种阴离子型聚合物，在 20 世纪 40 年代首先由印度学者提出合成方法制得，后来经各国科研人员的努力，合成技术日趋完善。线型磺化聚苯乙烯具有憎水的乙烯聚合物长链，还有亲水的磺酸基团，使其具有独特的物理和化学性能。当其磺化度大于 50％时可溶于水和低级醇，能溶解各种水垢且不会沉淀，对金属的腐蚀性较小；磺化度低时还具有一定的乳化性能，被广泛地应用于工业水处理、油田、医药等各个领域，如作为聚合物共混物的增溶剂，离子交换材料，反渗透膜或无缺陷混凝土增塑剂等。

线型聚苯乙烯的磺化是以聚苯乙烯为原料，将其溶解于适当溶剂中，加入强磺化剂和催化剂且在温度合适的条件下进行反应。此方法以廉价易得的通用树脂聚苯乙烯为原料，产物分离过程简单。但聚苯乙烯磺化度达到一定程度后，亲水性提高，使产物从反应体系中沉淀出来，加之反应初期磺化剂浓度低，与溶剂不互溶，反应温度高等因素会导致反应程度低，且很难在较短时间内得到磺化度较高的产物。

本实验以线型聚苯乙烯为原料进行磺化，聚苯乙烯的侧基为苯基，其对位具有较高的反应活性，在亲电试剂作用下可进行亲电取代反应，即苯环首先被亲电试剂进攻，生成活性中间体碳正离子，然后失去质子生成苯基磺酸。因此，磺酸基团易于形成在苯环对位。常用的磺化剂有浓硫酸、三氧化硫、氯磺酸、酰基磺酸酯，也可以是酰氯或酸酐与硫酸反应得到的产物。溶剂一般为环己烷、1,2-二氯乙烷、吡啶等有机溶剂。

聚苯乙烯磺化反应如下：

三、实验试剂和仪器

1. 主要试剂：线型聚苯乙烯、乙酸酐、苯、甲醇、酚酞、EDTA、浓硫酸、1,2-二氯乙烷、丙酮、氢氧化钠、去离子水。

2. 主要仪器：烧杯、玻璃棒、三口烧瓶、电动搅拌器、加热套、量筒、温度计、冷凝管、滴液漏斗、布氏漏斗、抽滤瓶、酸式滴定管、碱式滴定管、真空烘箱、天平。

四、实验步骤

1. 磺化试剂的制备

将 16mL 1,2-二氯乙烷和 3.2g 醋酸酐加入 50mL 烧杯中，冷水浴降温至 10℃以下，边搅拌边滴加 3.8g 浓硫酸，反应得到透明的乙酰基磺酸化试剂。

2. 磺化反应

向 100mL 三口烧瓶中加入 40mL 1,2-二氯乙烷和 4.0g 线型聚苯乙烯，加热至 65℃使其溶解，溶解完毕，慢慢滴加磺化试剂，滴加速度控制在 0.5～1.0mL/min，滴加完毕后在此温度下搅拌反应 90～120min，反应完毕得到浅棕色液体。将产物在搅拌下缓慢加入 400mL 沸水中，磺化聚苯乙烯就以小颗粒形态沉淀，抽滤，用热的去离子水反复洗涤至中性，抽滤，真空烘箱中干燥，称重。

3. 磺化度的测定

0.5g 磺化聚苯乙烯溶于苯-甲醇［80∶20（体积比）］中配成 5％的溶液，以酚酞为指示剂，以 0.1mol/L 氢氧化钠-甲醇溶液滴定（用 EDTA 标定），直到溶液呈现微红色，并记录消耗的体积 V_1。以相同的混合溶液做空白实验，记录消耗体积 V_2。磺化聚苯乙烯磺化度 D_s 为：

$$\frac{D_s}{1-D_s} = \frac{(V_1-V_2)C \times 0.001 \times 104}{0.5-(V_1-V_2)C \times 0.001 \times 184}$$

五、注意事项

1. 纯净的磺化聚苯乙烯是淡棕色薄片状固体，在水、甲醇、乙醇、丙酮中均可全部溶解，但不溶于苯、四氯化碳、氯仿、甲基乙基酮，浓度为 1％以上的水溶液较黏，在溶液中表现出典型的聚电解质性质。

2. 反应装置需保持干燥，否则会引起磺化试剂的损失，乙酸酐不稳定，易水解。

3. 反应过程中要控制滴加速度，防止副反应的发生及体系炭化发黑。

六、思考题

1. 还有其他线型聚苯乙烯的磺化方法吗？和本实验相比有何利弊？

2. 如何使用红外光谱测定聚苯乙烯磺化反应中基团的转变？

实验 20　聚甲基丙烯酸甲酯的解聚反应

一、实验目的

1. 了解高分子降解的类型、机制和影响因素。
2. 了解聚甲基丙烯酸甲酯解聚的反应过程。
3. 了解通过聚甲基丙烯酸甲酯解聚回收单体的实施方法。

二、实验原理

聚合物的降解是指聚合物分子链在机械力、热、高能辐射、超声波或化学反应等的作用下，聚合物的化学键断裂，而使聚合物分子量降低，或者使聚合物分子链结构发生变化的反应过程。高分子的裂解可以分为三种类型：主链随机断裂的无规降解；单体依次从高分子链上脱落的解聚反应；上述两种情况同时发生的情况。实验结果表明：聚合物的热稳定性、裂解速度以及单体的回收率和聚合物的化学结构密切相关。通常含有季碳原子和取代基团的聚合物，受热不易发生化学变化，但较易发生解聚反应，导致单体的回收率很高，如聚甲基丙烯酸甲酯、聚 α-甲基苯乙烯等。而与之对应，聚乙烯可进行无规降解；聚苯乙烯的裂解则存在解聚和无规降解两种方式。

聚甲基丙烯酸甲酯由于有庞大的侧基存在，为无定形固体，具有高度透明性，密度小，有一定的耐冲击度与良好的低温性能，是航空工业与光学仪器的重要原料。从结构上分析，聚甲基丙烯酸甲酯的聚合物主链上有季碳原子，无叔氢原子，受热时难以发生链转移，并且聚甲基丙烯酸甲酯的聚合热（$-56.5\mathrm{kJ/mol}$）和聚合上限温度（$164℃$）较低。所以，通常聚甲基丙烯酸甲酯在热作用下发生解聚反应，其解聚过程是按照自由基反应机理进行。在热的作用下形成大分子自由基，然后逐步从高分子链上脱去单体，就如同聚合反应的逆反应。

聚甲基丙烯酸甲酯解聚反应的方程式如下：

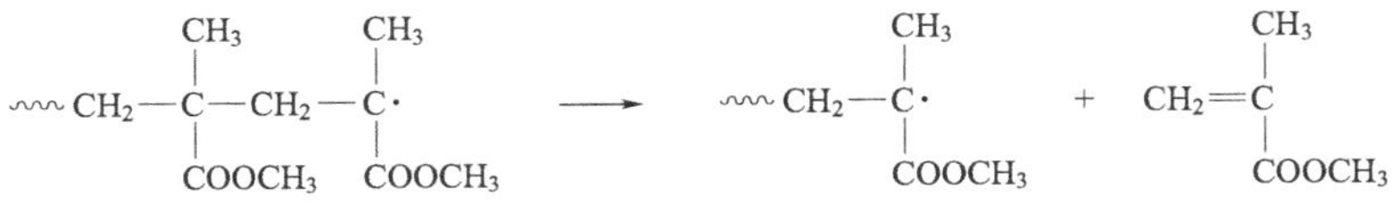

在解聚过程中，除了获得单体以外，还会产生少量低聚物、甲基丙烯酸和少量低分子化合物。必须要在精馏前除去这些杂质，需要利用水蒸气蒸馏对杂质进行去除，否则杂质的存在会导致精馏温度过高，导致单体再次聚合。

三、实验试剂和仪器

1. 主要试剂：有机玻璃、浓硫酸、饱和碳酸钠溶液、饱和氯化钠溶液、无水硫酸钠。
2. 主要仪器：圆底烧瓶、三口烧瓶、水蒸气蒸馏装置、冷凝管、分液漏斗、电热套、真空泵。

四、实验步骤

1. 聚甲基丙烯酸甲酯的解聚

称取 50g 有机玻璃捣碎以便传热，加入 250mL 短颈圆底烧瓶中，用电热套加热，缓慢升温至240℃时，有馏分会出现。然后将温度保持在260℃进行解聚，馏出物经过冷凝管冷却，接到另一烧瓶中。经过大约2.5h后解聚完毕，称量粗馏物，计算粗单体收率。

2. 单体的精制

将粗单体进行水蒸气蒸馏，收集馏出液直至不含油珠为止。采用浓硫酸（用量约为馏出物5%）洗涤馏出物两次，洗去粗产物中的不饱和烃类和醇类等物质。用25mL蒸馏水继续洗涤两次，洗掉大部分酸；用25mL饱和碳酸钠溶液洗涤两次，进一步去除酸性杂质；用饱和氯化钠洗至中性。使用无水硫酸钠干燥，进行下一步精制。最后，将上述干燥后的产物进行减压蒸馏，收集39～41℃、108kPa范围的馏分，计算产率。

五、思考题

1. 聚甲基丙烯酸甲酯热裂解反应的机理是什么？

2. 裂解温度的高低对最终产品的质量和收率有何影响？裂解粗馏物为什么首先采用水蒸气蒸馏进行初次分馏？

3. 此解聚反应过程中有哪些可能的副反应？可以采用哪些方法来研究聚合物的热降解？

第5章
高分子材料综合实验

实验 21　甲基丙烯酸甲酯基团转移聚合

一、实验目的

1. 了解基团转移聚合的基本原理。
2. 掌握甲基丙烯酸甲酯基团转移聚合的方法。

二、实验原理

基团转移聚合（group transfer polymerization，GTP）是由美国杜邦（DuPont）公司的 O. W. Webster 等发明的一种新型聚合方法。通常认为，基团转移聚合是继 Ziegler-Natta（齐格勒-纳塔）催化配位聚合和活性阴离子聚合之后高分子合成化学中又一重要的活性聚合新方法。

基团转移聚合主要是以 α, β-不饱和的酮、酸、酯、酰胺和腈类单体，以硅烷基烯酮缩醛类的化合物作为引发剂，适当的亲核催化剂存在下进行的聚合反应。例如：甲基丙烯酸甲酯（MMA）采用甲基三甲基硅烷基二甲基乙烯酮缩醛（MTS）引发，在双氟阴离子化合物（如 HF_2^-）存在下进行基团转移聚合，整个聚合过程如下：

链引发：

链增长：

（活性聚合物）　II

链终止：

$$\text{II} + CH_3OH \longrightarrow \begin{array}{c} H_3CO \quad CH_3 \qquad CH_3 \\ | \qquad | \qquad\qquad | \\ C-C-(CH_2-C)_{n+1}H + (CH_3)_3SiOCH_3 \\ | \qquad | \qquad\qquad | \\ O \quad CH_3 \qquad COOCH_3 \end{array}$$

对整个聚合过程而言，在聚合发生的每一步，引发剂中三甲基硅烷基都是不断地从大分子链末端转移到新单体的末端，形成高分子链末端的活性中心。大分子链如此反复地进行端基转移形成聚合物，因此称为"基团转移聚合"。

基团转移聚合机理通常认为是阴离子型催化聚合反应机理和 Lewis 酸催化引发反应机理。从聚合反应机理分析，基团转移聚合链转移和链终止速率比链增长速率小得多，因此具有活性聚合的特点，能够形成稳定的活性中心，可以合成分子量分布窄的聚合物。通常基团转移聚合选用的单体都为极性单体，因此，它是对只能使用一些温和非极性单体的常规阴离子活性聚合的一种补充。

三、实验试剂和仪器

1. 主要试剂：甲基丙烯酸甲酯、三甲基氯硅烷、二异丙胺、正丁基锂、异丁酸甲酯、苯甲酸、四丁基氢氧化铵、四氢呋喃、二氯甲烷、乙腈、甲醇、石油醚、高纯氮、无水硫酸镁、无水乙醚、甲醇。

2. 主要仪器：聚合瓶、恒温水浴锅、磁力搅拌器、三口烧瓶、滴管、天平、锥形瓶、分液漏斗、止血钳、注射器、真空系统、煤气喷灯、乳胶管。

四、实验步骤

1. 引发剂甲基三甲基硅烷基二甲基乙烯酮缩醛的制备

向高纯氮保护的三口烧瓶中加入 150mL 精制的四氢呋喃、0.2mol 精制的二异丙胺，并将三口烧瓶置于 0℃的冰水浴中冷却，保持磁力搅拌。滴加 0.2mol 的正丁基锂，反应 30min；滴加 0.2mol 异丁酸甲酯，继续反应 30min；滴加 0.5mol 三甲基氯硅烷，并移走冰水浴，在室温条件下反应 45min，抽滤。在高纯氮保护下常压蒸馏出溶剂，再进行减压蒸馏，收集 50℃（2.27kPa 条件下）的馏分。

2. 催化剂苯甲酸四丁基氢氧化铵的制备

将苯甲酸 3.1g 和 10％的四丁基氢氧化铵水溶液 200mL 加入 250mL 的锥形瓶中，摇匀后移入分液漏斗中，采用二氯甲烷萃取，每次 50mL，萃取三次。将所有萃取液倒回锥形瓶中，加 3.1g 苯甲酸，摇匀后加入无水硫酸镁干燥，过滤后蒸馏出二氯甲烷。将剩余的固体溶解在 85mL 热的四氢呋喃中，并蒸出大部分溶剂，在已有部分结晶析出的溶液中慢慢加入无水乙醚 85mL，放置过夜，得到白色结晶，过滤，乙醚洗涤数次，真空干燥得到产品。将苯甲酸四丁基氢氧化铵溶于乙腈中形成溶液备用。

3. 甲基丙烯酸甲酯的基团转移聚合

① 将聚合瓶通过乳胶管连接到真空系统和高纯氮系统上。在真空条件下以煤气喷灯加热，以便驱赶吸附在瓶壁上的水分和空气，保持真空条件，待聚合瓶冷却至室温后通入高纯氮。重复上述操作三次，最终封闭好聚合瓶，并从真空系统取下。

② 通过注射器取 15mL 四氢呋喃，0.1mmol 甲基三甲基硅烷基二甲基乙烯酮缩醛的乙

腈溶液，1mL 苯甲酸四丁基氢氧化铵的乙腈溶液加入聚合瓶中，开动磁力搅拌，维持恒温水浴 25℃。

③ 采用注射器取 15mL 甲基丙烯酸甲酯加入聚合瓶中，恒温水浴 30℃，反应 3h。

④ 聚合反应结束后，加入 2mL 甲醇终止聚合反应，加入石油醚沉淀聚合物，过滤，干燥，称重，用凝胶渗透色谱（GPC）测分子量及分布。

五、注意事项

1. 本实验必须保证在绝对干燥条件下（包括玻璃仪器、试剂、单体等）进行，否则实验会失败。

2. 采用注射器抽取引发剂和催化剂要避免空气注入进去。整个聚合体系要严格要求排空除氧。

六、思考题

1. 基团转移聚合在制备聚合物方面有哪些重要应用？

2. 讨论基团转移聚合的聚合工艺特点，并与阴离子型活性聚合、配位聚合特点进行对比。

实验 22　聚酰亚胺的合成及成膜实验

一、实验目的

1. 熟悉聚酰亚胺的基本结构和主要特征及应用。
2. 了解二步法制备聚酰亚胺薄膜的原理，掌握聚酰亚胺的合成工艺。
3. 通过聚酰亚胺的合成和成膜实验，分析影响聚酰亚胺薄膜性质的因素。

二、实验原理

聚酰亚胺是一类环链化合物，主链上含有酰亚胺环。刚性的酰亚胺结构赋予了聚酰亚胺独特的性能，它具有优异的热稳定性能、力学性能、摩擦性能和介电性能，广泛应用在航空航天、石油化工、现代微电子和光电子等领域。它的主要合成方法有一步法、二步法、三步法和气相沉积法。

一步法是由二酐和二胺在高沸点溶剂中，直接聚合生成聚酰亚胺。一步法操作起来比较简单，并不烦琐，但是只适合可溶性的聚酰亚胺，局限性大，而且此方法采用的溶剂毒性较大，对人体伤害较大。一步法合成原理：

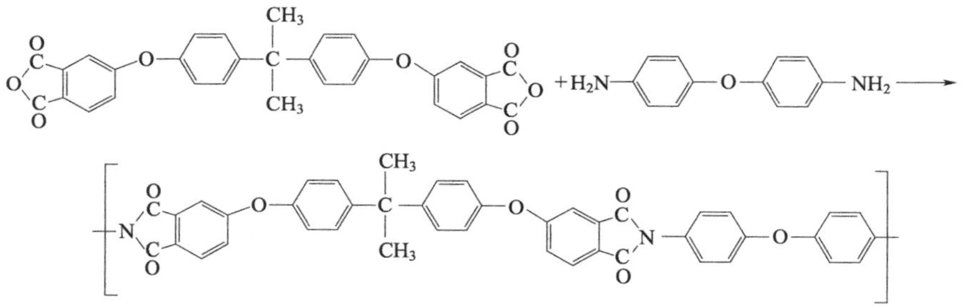

二步法是先将二酐和二胺在极性溶剂中搅拌数小时，使其聚合获得前驱体聚酰胺酸，再通过加热处理或化学亚胺化的方法，使聚酰胺酸发生分子内脱水，闭环，形成聚酰亚胺。其中，加热处理是通过高温加热的方法使聚酰胺酸分子内脱水闭环；化学亚胺化法是通过引入脱水剂，在常温下就可以使聚酰胺酸脱水闭环。

二步法操作流程较一步法复杂，而且第一步聚合产生的中间体聚酰胺酸并不稳定，在储存过程中往往会发生分解，并不利于最后聚酰亚胺的合成。

二步法的合成原理如下：

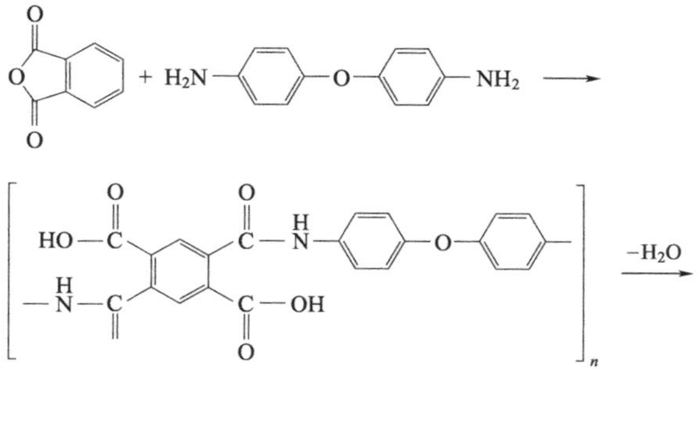

三步法是通过聚异酰亚胺得到聚酰亚胺的方法。聚异酰亚胺是由聚酰胺酸在脱水剂作用下，脱水环化生成的。然后在酸或碱等催化剂作用下异构化成聚酰亚胺，此异构化反应在高温下很容易进行。聚异酰亚胺结构稳定，溶解性好，玻璃化转变温度较低，加工性能优良，热处理时不会放出水分，易异构化成聚酰亚胺。因此，用聚异酰亚胺代替聚酰胺酸作为聚酰亚胺的前驱体，可制得性能优良的聚酰亚胺制品。

化学气相沉积法（CVD）是一种制备薄膜的技术，它是通过化学反应物以气体的形式，进行化学反应，然后直接沉积到基质表面。气体的成分、气体的流速、基底温度等都会对最后的产物薄膜的性能产生影响，所以反应需要考虑到的参数是很复杂的。

气相沉积法是在高温条件下将二酸酐与二胺直接以气流的形式输送到混炼机内进行混炼，然后制成薄膜，这是由单体直接合成聚酰亚胺涂层的方法。

本次实验我们采用二步法制备聚酰亚胺。

三、实验试剂和仪器

1. 主要试剂：均苯四甲酸二酐、4,4'-二氨基二苯醚、氮气、四氢呋喃、甲醇。

2. 主要仪器：三口烧瓶、水浴锅、电动搅拌器、氮气瓶、玻璃板、气管、冰箱、真空烘箱。

四、实验步骤

1. 聚酰胺酸的合成

首先按照质量比 4：1 配制四氢呋喃和甲醇的混合溶剂，并将其倒入三口烧瓶中。采用气管与氮气瓶连接，然后打开气阀，通入氮气。在氮气保护下，加入一定量的 4,4'-二氨基二苯醚，搅拌至完全溶解，再加入均苯四甲酸二酐，由澄清溶液逐渐生成乳黄色浑浊，继续搅拌至均一的凝乳状黏稠物，即聚酰胺酸，取出后放置冰箱备用。

2. 薄膜制备

直接将聚酰胺酸溶液均匀地涂覆在玻璃板上，放置于真空烘箱内，在 200℃ 条件下，1h 后成为黄铜色的聚酰亚胺膜。

五、思考题

1. 思考合成聚酰亚胺四种方法的优缺点。

2. 思考在本次实验中影响聚酰亚胺薄膜性能的因素。

3. 请用一步法设计合成聚酰亚胺的实验，并与本次实验所用的二步法进行比较。

实验 23 聚苯胺的制备及其导电性能

一、实验目的

1. 了解导电聚合物的基本特征及基本概念。
2. 掌握聚苯胺的合成方法和基本特性。
3. 了解化学氧化聚合法合成功能高分子材料的基本原理和操作方法。
4. 了解表征聚合物导电性能的方法，掌握四探针法测定聚苯胺电导率。

二、实验原理

1. 导电高分子及聚苯胺的合成

导电高分子是经化学或电化学掺杂后可以由绝缘体向导体或半导体转变的含 π 电子共轭结构有机高分子的统称。导电高分子材料具有交替的单双键共轭结构特征。它是由高分子链结构和非键合的一价阴离子或阳离子共同组成，即在导电高分子结构中，除了具有高分子链外，还含有由"掺杂"而引入的一价对阴离子（p 型掺杂）或对阳离子（n 型掺杂）。导电高分子分为结构型导电高分子和复合型导电高分子。导电高分子的掺杂是将部分电子从高分子的分子链中迁移出来或引入一些电子进去，从而使得高分子具有可自由移动的电子，使高分子的导电性能大大提升，同时也为高分子材料带来了半导体特性。这种掺杂完全不同于无机半导体的掺杂。从 1977 年日本 Shirakawa 教授发现掺杂聚乙炔（PA）呈现导电特性至今，相继发现的导电高分子有聚对苯（PPP）、聚吡咯（PPY）、聚噻吩（PTH）、聚苯胺（PANI）和聚苯基乙炔（PPV）。导电高分子具有特殊的结构和优异的物理化学性能，使其在电子工业、信息工程、国防工程及其新技术的开发和发展方面都具有重大的意义。

在导电高分子材料中，聚苯胺由于原料易得、合成简便、耐高温及抗氧化性能良好等优点而受到广泛的关注，是目前公认的最具有应用潜力的导电高分子材料之一。除突出的电学性能外，聚苯胺还具有特殊的光学性能，较大的三阶非线性光学系数，独特的掺杂机制，优异的物理化学性能，良好的光、热稳定性，使得聚苯胺在光学材料研究领域也受到关注。

聚苯胺的结构式表示为：

$$\left[HN-\!\!\!\!-NH-\!\!\!\!- \right]_y \left[-\!\!\!\!-N=\!\!\!\!=N- \right]_{1-y}$$

聚苯胺主要由还原单元 $\left[HN-\!\!\!\!-NH-\!\!\!\!- \right]$ 和氧化单元 $\left[-\!\!\!\!-N=\!\!\!\!=N- \right]$ 组成。其中，y 表示氧化-还原程度。氧化度不同的聚苯胺表现出不同的组分、结构、颜色及电导特性，如从完全还原态（leucoemeraldiline，LB，$y=1$）向完全氧化态（pernigraniline，PB，$y=0$）转化的过程中，随氧化度的提高聚苯胺依次表现为黄色、绿色、深蓝色、深紫色和黑色。不同氧化态中，完全还原态（LB）和完全氧化态（PB）都是绝缘体，只有氧化单元数和还原单元数相等的中间氧化态（emeraldiline，EB，$y=0.5$）经质子酸掺杂后才可以成为导体。聚苯胺的电活性源于分子链中的 p 电子共轭结构：随分子链中 π 电子体系的扩大，p 成键态和 π* 反键态分别形成价带和导带，这种非定域的 π 电子共轭结构经掺杂可形成 p 型和 n 型导电态。

制备聚苯胺的方法有化学氧化法和电化学聚合法。化学氧化法制备聚苯胺通常是在酸性介质中，采用水溶性引发剂引发单体发生氧化聚合。所用的引发剂主要有 $(NH_4)_2SO_8$、$K_2Cr_2O_7$、H_2O_2 等。其中，$(NH_4)_2SO_8$ 由于不含金属离子，氧化能力强，后处理方便，是目前最常用的氧化剂。在整个反应体系中，酸性环境一般由质子酸提供。常用无机酸为 HCl、H_2SO_4、高氯酸和氟硼酸等，有机酸有对甲苯磺酸、草酸、十二烷基苯磺酸等。质子酸的另一种重要作用是以掺杂剂的形式进入聚苯胺骨架赋予其一定的导电性。

电化学聚合法即在电场作用下使电解液中的单体在惰性电极表面发生氧化聚合，其优点是能直接获得与电极基体结合力较强的高分子薄膜，并可通过电位控制聚合物的性质，也可直接进行原位电学或光学测定。电化学法制备聚苯胺是在含苯胺的电解质溶液中，选择适当的电化学条件，使苯胺在阳极上发生氧化聚合反应，生成黏附于电极表面的聚苯胺薄膜或是沉积在电极表面的聚苯胺粉末。

2. 聚合物导电性能的表征

电阻率是导体材料常规测量的参数之一。测量电阻率通常选用四探针法，四探针法测量聚合物电导率示意图，见图 5-1。

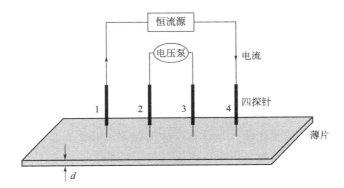

图 5-1　四探针法测量聚合物电导率示意图

四探针的针尖同时接触到薄片表面，四探针的外侧两个探针与恒流源相连接，内侧两个探针连接到电压表上。当电流从恒流源流出流经外侧两个探针时，流经薄片产生的电压可从电压表中读出。这种方法只要在电压测量中采用高输入阻抗的测量仪就不会受接触电阻的影响。在薄片面积为无限大或远大于四探针中相邻探针间的距离时，被测薄片的电阻率 ρ 可以由下式给出：

$$\rho = \frac{\pi}{\ln 2} \times \frac{V}{I} d$$

式中，d 是薄片厚度，由螺旋测微器测得；I 是流经薄片的电流，即图 5-1 中恒流源提供的电流；V 是电流流经薄片时产生的电压，即图 5-1 中电压表的读数。根据 ρ 可求解出所测样品的电导率 σ。

三、实验试剂和仪器

1. 主要试剂：苯胺、盐酸、过硫酸铵、乙醇、冰块、蒸馏水、去离子水。

2. 主要仪器：烧杯、电磁搅拌器、布氏漏斗、FT-341A 双电四探针法粉末电阻率测试仪、量筒、天平、三口烧瓶、恒压滴液漏斗。

四、实验步骤

1. 化学氧化法合成聚苯胺

① 配制 2mol/L 的 HCl：用量筒量取 20mL 36％浓盐酸于烧杯中，用 100mL 蒸馏水稀释，得到 2mol/L 的盐酸溶液。

② 准确称取苯胺 4.7g，并加入三口烧瓶中。量取 50mL 稀盐酸溶液加入三口烧瓶中，搅拌使苯胺溶解，配制苯胺-盐酸溶液。

③ 称取 11.4g 过硫酸铵溶于 25mL 蒸馏水中。在搅拌下用恒压滴液漏斗将过硫酸铵溶液滴加到苯胺-盐酸溶液中，控制滴加速度，25min 滴加完所有过硫酸铵溶液，并维持反应温度在 5℃。

④ 在冰水浴中维持反应 1h。反应完毕后将反应混合物减压过滤，蒸馏水洗涤数次，再用剩余约 70mL 的盐酸溶液浸泡 2h 进行掺杂。

⑤ 结束反应后，过滤，用去离子水、乙醇反复洗涤三次，室温下真空干燥。干燥聚苯胺以备导电性测试。

2. 聚苯胺导电性能测试

将上述制备的聚苯胺样品真空干燥后，取样。将样品压制成直径为 13cm，厚度约为 1mm 的圆片，在室温下采用四探针法进行电导率的测定。为了确保电导率测试的可靠性，每个样品至少测试三次，然后取平均值。

五、思考题

1. 化学氧化法合成聚苯胺优缺点是什么？如何使聚苯胺具有良好的溶解性能？
2. 思考本次实验中哪些因素会影响聚苯胺的导电性能？
3. 思考四探针法测量聚苯胺导电性能过程中存在哪些误差？

实验 24　水性聚氨酯的合成与性能

一、实验目的

1. 了解水性聚氨酯的基本知识。
2. 掌握水性聚氨酯的合成工艺。
3. 熟悉对聚氨酯材料的表征方法。

二、实验原理

聚氨酯（polyurethane，PU）是主链中含有重复氨基甲酸酯（—NHCOO—）结构的高分子化合物的总称。聚氨酯一般由二异氰酸酯和二元醇或多元醇为基本原料，经逐步加成反应而制得。聚氨酯材料具有优良的力学性能、高黏结性能、高弹性、高强度以及优良的耐磨性能等特性，因此，被广泛应用于涂料、黏合剂、皮革、建筑保温等工业领域。

水性聚氨酯（WPU）是以水替代有机溶剂作为分散介质的新型聚氨酯体系，也称水分散聚氨酯、水系聚氨酯或水基聚氨酯。按亲水基团的类型可分为阴离子型聚氨酯（亲水基团为羧基或者磺酸基）和阳离子型聚氨酯（亲水基团为叔氨基）。它无毒，不易燃烧，具有优异的力学性能，不含或者含有少量可挥发性有机物，生产施工安全，对环境及人体基本无害，符合环保要求。水性聚氨酯可广泛用于涂料、胶黏剂、织物涂层与整理剂、皮革涂饰剂、纸张表面处理剂和纤维表面处理剂等。聚氨酯大分子中除了氨基甲酸酯外，还可含有酯、醚、脲、缩二脲等基团。根据原料的不同，可产生不同性质的产品，一般为聚酯型和聚醚型两类，它们可用于制造橡胶、纤维、硬质和软质泡沫塑料、胶黏剂和涂料等。

水性聚氨酯的基本合成反应可分为两个阶段。第一阶段为预聚合，由低聚物二醇、扩链剂、水性单体、二异氰酸酯通过溶液逐步聚合生成分子量为 1000 量级的水性聚氨酯预聚体；第二阶段为预聚体的中和以及水中分散。预聚体的制备方法可分为外乳化法和内乳化法，外乳化法又称强制乳化法，此法是采用二官能度（聚醚和聚酯等）和过量的二异氰酸酯通过逐步聚合反应，制成具有适当分子量的带有—NCO 端基的 PU 预聚体，然后加入适当的乳化剂，经强剪切作用，强制性地分散于水相中。这种方法得到的乳液稳定性较差，使用较少。目前使用较多的是内乳化法（也称自乳化法），是在聚氨酯分子链上引入一些亲水的离子性基团，在聚氨酯中引入了离子键，此时将其分散于水相中，并在油水两相体系中进行扩链反应，从而得到稳定的水性聚氨酯。

三、实验试剂和仪器

1. 主要试剂：聚己内酯二醇、N-甲基二乙醇胺、2,6-二异氰酸基己酸甲酯、辛酸亚锡、乙酸。
2. 主要仪器：三口烧瓶、温度计、冷凝管、搅拌装置、加热套、烧杯、分析天平、烘箱、聚四氟乙烯模具、DLS、拉力机。

四、实验步骤

1. 水性聚氨酯树脂的合成

① 称取一定量的聚己内酯二醇、催化剂辛酸亚锡 0.0234g 加入装有冷凝管、搅拌器的三口烧瓶中，在 110℃下真空除水 2h。

② 降温到 70℃，加入 2,6-二异氰酸基己酸甲酯 9.78g；升温至 70℃后，恒温反应 0.5h。再加入 N-甲基二乙醇胺 3.6138g，升温至 80℃，反应 15min.

③ 反应体系降至室温后，加入乙酸 1.7011g，反应 15min，高速搅拌 1h 后，得到聚氨酯乳液。

④ 将制备的乳液倒入干净聚四氟乙烯模具，放入烘箱成膜。

2. 水性聚氨酯性能测试

① 聚氨酯乳液粒径的测定。采用动态光散射激光粒度仪（DLS）检测水性聚氨酯分散液中胶体粒子的粒径大小。

② 拉伸性能测试。将膜制品制成哑铃状试样条，在拉力机上测试其拉伸性能：断裂应力和断裂应变。

五、思考题

1. 水分对合成聚合物及乳化效果的影响有哪些？

2. 中和度及乳液 pH 对聚合反应的影响有哪些？

3. 影响水性聚氨酯稳定性以及涂膜性能的因素有哪些？

实验 25　苯丙乳液的制备与性能

一、实验目的

1. 了解乳液聚合特点、配方及各组分作用。
2. 掌握苯丙乳液制备工艺，熟悉苯丙乳液的用途。
3. 了解乳液聚合过程中乳化剂种类和单体用量对苯丙乳液性能的影响。

二、实验原理

1. 乳液聚合

乳液聚合是单体在乳化剂的作用下，在水中分散成乳液状态进行的聚合反应。在乳液聚合中，乳化剂先加入水介质中形成胶束。乳化剂的浓度可以影响胶束的形状，低浓度时胶束为球状，高浓度时胶束为棒状。乳化剂用量多，胶束的粒子小、数目多，胶束的分类如图 5-2 所示。

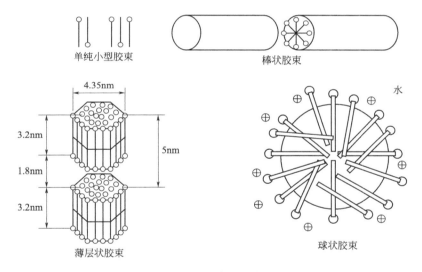

图 5-2　胶束的分类

在形成胶束的水溶液中加入单体，单体有三种存在形式：①极少部分单体以分子形式分散在水中；②小部分单体可进入胶束的疏水层内；③大部分单体经搅拌形成细小的液滴。在乳液聚合中，水相不是聚合的主要场所，单体液滴也不是聚合场所，聚合场所是在胶束内。胶束的比表面积大，内部单体浓度很高，提供了自由基进入引发聚合的条件，胶束内聚合消耗的单体可通过水相中液滴的单体补充。

乳液聚合的特点：①聚合速率快，分子量高；②适合于各种单体进行聚合及共聚合反应，适合乳液聚合物的改性与开发；③以水为介质，黏度低，散热容易，反应比较平稳安全；④乳液产品可以直接作为涂料或者黏合剂使用。因此，乳液聚合可以生产多种合成橡胶、聚丙烯酸酯乳液、聚醋酸乙烯酯乳液等，也可以利用乳液共聚方法合成出多种工程塑料、ABS 树脂等。

2. 苯丙乳液

苯丙乳液是苯乙烯和丙烯酸酯共聚物乳液的简称，是一种用苯乙烯改性的丙烯酸酯系共聚物乳液。它相当于在纯丙乳液中引入了苯乙烯链段，用苯乙烯全部或部分取代纯丙乳液中的甲基丙烯酸甲酯。苯乙烯的引入，可以提高涂膜的耐水性、耐碱性、硬度、抗污性和抗粉化性。因此，苯丙乳液作为一类重要的中间化工产品，广泛应用到建筑涂料、纸张、纺织和皮革黏合剂等领域。

三、实验试剂和仪器

1. 主要试剂：苯乙烯、甲基丙烯酸甲酯、丙烯酸丁酯、丙烯酸、辛基苯酚聚氧乙烯醚（OP-10）、十二烷基硫酸钠、去离子水、氨水、过硫酸铵、碳酸氢钠、氯化钙、甲醇。

2. 主要仪器：球形冷凝管、四口烧瓶、天平、圆底烧瓶、培养皿、烘箱、烧杯、温度计、分液漏斗、电动搅拌器、恒温水浴锅。

四、实验步骤

1. 单体预乳化

将 100mL 水、0.5g 碳酸氢钠、1.0g 十二烷基硫酸钠、1.0g OP-10 加入 500mL 的圆底烧瓶中，机械搅拌溶解，再依次加入 2.5g 丙烯酸、11.7g 甲基丙烯酸甲酯、27.5g 丙烯酸丁酯、28.3g 苯乙烯，室温条件下机械搅拌，乳化形成单体预乳液。

2. 乳液聚合

称取过硫酸铵 0.20g 溶于 30mL 去离子水中配制成引发剂溶液。然后在四口烧瓶中加入 40mL 单体预乳液，并机械搅拌，水浴升温到 78℃，滴加引发剂溶液 8mL，约 20min 滴加完成。然后同时分别滴加剩余单体预乳液和 14mL 引发剂溶液，2.5h 内滴加完成。再滴加完剩余的 8mL 引发剂溶液，30min 内滴加完成。缓慢升温到 90℃，保温 1h，然后冷却反应液至 60℃，加氨水调 pH 值至 8～9，出料。

3. 性能测试

① 转化率测定。准确称取 2.0g 乳液放置培养皿中，放置 120℃烘箱中干燥 2h，取出冷却，称量，计算单体总转化率。

② 化学稳定性测定。采用 5％的 $CaCl_2$ 溶液滴定 20mL 乳液，观察乳液是否出现絮凝、破乳现象。

③ 玻璃化转变温度测定。取一定体积乳液于烧杯中，加入甲醇使聚合物沉淀，离心洗涤干燥后得到聚合物固体，采用差示扫描量热法（DSC）测定聚合物的玻璃化转变温度。

五、思考题

1. 讨论乳液聚合的工艺特点，指出其优缺点。
2. 分析实验过程中哪些因素会影响苯丙乳液的性能。

实验 26　高吸水性树脂的制备

一、实验目的

1. 了解高吸水性树脂的基本功能和用途。
2. 了解高吸水性树脂的反相悬浮聚合制备方法。
3. 了解高吸水性树脂的吸水原理和影响因素。

二、实验原理

吸水性树脂是不溶于水、在水中溶胀并能够保持住水分不外流、具备交联结构的高分子。其吸水程度与单体的性质、所吸收的水质情况（如是否含有无机盐及其浓度大小等因素）以及交联密度有关。按照吸水程度的不同可大致分为两类：一类为吸水量仅为干树脂量的百分之几十，吸水后具有一定机械强度，称为水凝胶；另一类为吸水量达到干树脂量的数十倍甚至高达几千倍，称为高吸水性树脂。高吸水性树脂在工业、农业、建筑、环保、日常生活各个领域有着广泛的用途。

高吸水性树脂具有三维网状结构，表现出高度的吸水性和保水性。高吸水性树脂一般为含有强吸水性基团和交联网络结构的高分子电解质。研究表明：树脂中吸水性基团极性越强，含量越高，吸水能力越强，保水性越高。而交联度需要适中，因为交联度过低会使树脂的保水性变差，在外部施加压力时很容易脱水；交联度过高，虽然保水性提高，但由于吸水空间减少，使吸水率明显降低。高吸水性树脂在吸水前，高分子链彼此靠拢纠缠在一起，交联形成三维网状结构，使整体形态稳定。由于吸水树脂上含有多个亲水基团，水接触时表面会先被水润湿，然后水分子通过毛细作用及扩散作用渗透到树脂中。链上的电离基团在水中容易电离，链上同离子之间的静电斥力会使高分子链伸展溶胀。由于电中性的限制，反离子没有办法迁移到树脂外部，因此造成树脂内外部溶液间的离子浓度差，从而形成反渗透压。反渗透压会促使水进一步进入树脂中，形成水凝胶。树脂本身的交联网状结构及氢键作用，限制了凝胶的无限膨胀。

目前，高吸水性树脂按原料来源可分为淀粉系列、纤维素系列和合成系列三类。前两类是以淀粉或纤维素为底物，接枝共聚亲水性或水解后有亲水性的烯类单体；后一类多是用丙烯酸盐轻微交联制得。合成系列高吸水性树脂较之淀粉系、纤维素系高吸水性树脂来说，聚合工艺简单，单体转化率高，吸水和保水能力强，是目前超强吸水材料的主体产品。

合成聚合系列高吸水性树脂，尤其是聚丙烯酸钠系列在高吸水性树脂领域中应用最为广泛。其合成主要有两条途径：一是由亲水性单体或水溶性单体与交联剂共聚，必要时可加入含有长碳链的疏水性单体以提高树脂的机械强度；二是将已合成的水溶性高分子进行化学交联使之形成交联结构，不溶于水，仅能够溶胀。本实验主要用水溶性单体丙烯酸的反相悬浮聚合法来合成丙烯酸系高吸水性树脂。由于丙烯酸是水溶性单体，不能采用水作为聚合介质，故聚合在有机溶剂中进行，即反相悬浮聚合，反应式如下：

三、实验试剂和仪器

1. 主要试剂：丙烯酸、三乙二醇双丙烯酸甲酯、过硫酸铵、Span-80、环己烷、无水乙醇、去离子水、氯化钠、氢氧化钠-乙醇溶液。

2. 主要仪器：三口烧瓶、烧杯、温度计、冷凝管、天平、培养皿、冷凝装置、恒温水浴槽、布氏漏斗、抽滤瓶、培养皿、电动搅拌器、烘箱、干燥器、铜网筛。

四、实验步骤

1. 高吸水性树脂的制备

① 称取 2.0g Span-80 于 250mL 烧杯中，加入 120g 环己烷，搅拌直至溶解完毕。

② 称取三乙二醇双丙烯酸甲酯 3g、丙烯酸 40g 加入 100mL 烧杯中，加入过硫酸铵 0.20g，搅拌直至溶解完毕。

③ 向 250mL 三口烧瓶中加入配制好的环己烷溶液，电动搅拌，并使体系升温至 70℃。然后将单体混合溶液加入反应体系中，继续搅拌，调节搅拌速度，使单体分散成大小适当的液滴。

④ 在 70℃条件下继续反应 2h，然后升温至 90℃，继续反应 1h。撤去热源，保持搅拌状态，自然冷却至室温。

⑤ 用布氏漏斗抽滤后，用无水乙醇洗涤多次，再次抽滤，将产物转移至培养皿中，放置在 85℃烘箱中烘干，放置于干燥器中保存。

⑥ 取上述干燥树脂 24g 加入 250mL 三口烧瓶中，再加入氢氧化钠-乙醇溶液（10%）160mL。装上冷凝装置与温度计，室温下静置 1h，再进行电动搅拌，升温至溶液开始回流，但不要让回流太过剧烈，在此温度下保持回流 2h。

⑦ 撤去热源，搅拌状态下自然冷却至室温。抽滤，用无水乙醇洗涤多次，最后抽干转移至培养皿中，置于 85℃烘箱中烘干，将产物放置于干燥器中保存。

2. 吸水率测定

将干燥的产品研磨成粉末，用铜网筛分出尺寸在 40～60 目之间的高吸水性树脂。取筛分后的树脂 0.2～0.3g（m_1）两份，分别加入两个 250mL 烧杯中，一个加入去离子水，另一个加入 10%的氯化钠水溶液，放置直至吸水平衡，自然过滤后称重（m_2），并根据下式计算吸水率 S（g 水/g 树脂），比较两个吸水率的不同。

$$S = \frac{m_2 - m_1}{m_1} \times 100\%$$

五、注意事项

1. 高吸水性树脂在制备过程中要避免与水接触。
2. 与正常悬浮聚合相同，整个聚合过程中需要控制好聚合反应温度、搅拌速度。
3. 吸水平衡后的树脂自然过滤至不滴水就可以进行称重。

六、思考题

1. 高吸水性树脂对不同溶液的吸水率不同的原因是什么？
2. 聚丙烯酸钠还可以用什么方法合成？和本实验相比有何优劣？
3. 讨论高吸水性树脂的吸水机理。

实验 27　离子交换树脂的制备

一、实验目的

1. 了解离子交换树脂制备的基本方法。
2. 掌握苯乙烯和二乙烯苯聚合反应原理。
3. 掌握交联聚苯乙烯的磺化方法。
4. 掌握离子交换树脂体积交换量的测定方法。

二、实验原理

　　离子交换树脂是在具有交联结构的高分子基体上连接离子交换基团的高分子化合物，离子交换基团是由接在高分子基体上的固定离子与具有相反电荷的可移动的抗衡离子组成。离子间的交换主要发生在树脂的抗衡离子和其他离子之间。按交换基团的性质分类，离子交换树脂大体上可分为阳离子交换树脂和阴离子交换树脂。当交换基团固定在树脂骨架上，可进行交换的部分是阳离子时，称为阳离子交换树脂，反之称为阴离子交换树脂。其中有交换基为磺酸基的强酸型阳离子交换树脂，羧酸基的弱酸型阳离子交换树脂，季铵盐的强碱型阴离子交换树脂和伯胺、仲胺、叔胺的弱碱型阴离子交换树脂等。除此之外，离子交换树脂已经发展出多种不同功能的高分子材料，如离子交换纤维、螯合树脂、高分子催化剂的载体、高分子试剂、固定化酶等。

　　本实验采用悬浮聚合方法制备出苯乙烯和二乙烯苯的交联聚合物，由于二乙烯苯含有两个乙烯基基团，因此能够形成两个活性中心或可接纳其他自由基活性中心而形成交联点，从而形成交联聚合物。将悬浮聚合得到的苯乙烯和二乙烯苯基的交联聚合物用硫酸处理，可以在苯环上引入磺酸基团，制备出磺酸型阳离子交换树脂。

三、实验试剂和仪器

　　1. 主要试剂：苯乙烯、二乙烯基苯、过氧化苯甲酰（BPO）、硫酸、二氯乙烷、丙酮、硫酸银、10%聚乙烯醇溶液、氯化钠、去离子水、酚酞、标准氢氧化钠溶液。

　　2. 主要仪器：机械搅拌器、温度计、冷凝管、天平、烘箱、锥形瓶、玻璃棒、三口烧瓶、布氏漏斗、抽滤瓶、烧杯。

四、实验步骤

1. 交联聚苯乙烯的制备

　　向装有机械搅拌器、温度计和冷凝管的 250mL 三口烧瓶中加入 120mL 去离子水和 5mL 10%聚乙烯醇溶液。在烧杯中将 0.3g 过氧化苯甲酰（BPO）溶于 20mL 苯乙烯和 4mL 二乙烯基苯中。将溶有引发剂的单体溶液加入三口烧瓶中，开动机械搅拌，升温至 80℃聚合反应 2h。升温至 90℃，保温反应 2h。停止加热，搅拌冷却至室温。采用布氏漏斗抽滤，洗涤、过滤后真空干燥备用。

2. 磺化反应

　　在装有机械搅拌器、温度计和冷凝管的 250mL 三口烧瓶中，依次加入 10g 上述交联的聚苯乙烯微粒和 60mL 二氯乙烷，搅拌，并在 60℃下使微粒溶胀 0.5h，再升温至 70℃，加入 0.5g 硫酸银作为催化剂，缓慢滴加浓硫酸 100mL，然后升温至 80℃左右反应 2h，反应结束后过滤，产物放置于 400mL 烧杯中，加入 30mL 70％的硫酸（冰水冷却使温度不会过高），加入去离子水 200mL 左右，放置 0.5h 后再加入去离子水稀释，不断搅拌，过滤，用 20mL 丙酮洗涤以除去二氯乙烷，最后用大量去离子水洗涤至中性，干燥，对得到的强酸型阳离子交换树脂称重。

3. 离子交换树脂交换容量的测定

称取 1.000g(m_1) 湿树脂，放置于 105℃烘箱中烘干，转移至干燥器中冷却到室温，称重记为 m_2，计算湿树脂的水分含量 W：

$$W = \frac{m_1 - m_2}{m_1} \times 100\%$$

称取三份 1.000g(m) 湿树脂，分别放入 250mL 锥形瓶中，加入等量的 1mol/L 的氯化钠溶液 100mL，浸泡 1.5h（可用玻璃棒搅拌），滴入等量酚酞指示剂，用 0.1mol/L 的标准氢氧化钠溶液滴定，消耗的体积记为 V。则交换容量为：

$$交换容量(\mathrm{mmol/g}) = \frac{cV}{m(1-W)}$$

五、思考题

1. 为何使用交联的高分子制备离子交换树脂？
2. 硫酸银在磺化反应中的作用是什么？
3. 使用过的离子交换树脂能否再生？如何处理才能再生？

实验 28 功能性环氧树脂的合成与性能

一、实验目的

1. 熟悉酚醛型环氧树脂的合成和固化方法。
2. 了解酚醛型环氧树脂的特性和应用。
3. 了解酚醛型环氧树脂的表征手段。

二、实验原理

酚醛型环氧树脂是线型低分子量酚醛树脂与环氧氯丙烷的缩合物。它是一类多官能团环氧树脂，固化时可以提供更多的交联点，极易形成高交联度的三维结构，兼有酚醛树脂和环氧树脂的性能，具有优良的耐热性、耐腐蚀性和良好的强度。常见的酚醛型环氧树脂的类型主要为苯酚线型酚醛型环氧树脂和邻甲酚线型酚醛型环氧树脂。酚醛型环氧树脂的合成方法与双酚 A 环氧树脂类似，都是利用酚羟基与环氧氯丙烷反应来合成环氧树脂。但不同之处在于前者是利用线型酚醛树脂中的酚羟基与环氧氯丙烷反应，而后者主要是利用双酚 A 中的酚羟基与环氧氯丙烷反应。

酚醛型环氧树脂一般通过两步法合成：①由甲醛与苯酚缩聚形成线型酚醛树脂；②线型酚醛树脂与环氧氯丙烷反应形成酚醛型环氧树脂。整个反应过程如下：

首先，苯酚与甲醛在酸催化剂作用下形成低分子量的酚醛树脂。在合成过程中，通常采用先加弱酸后加强酸催化工艺，可以使反应过程平缓，产率提高。

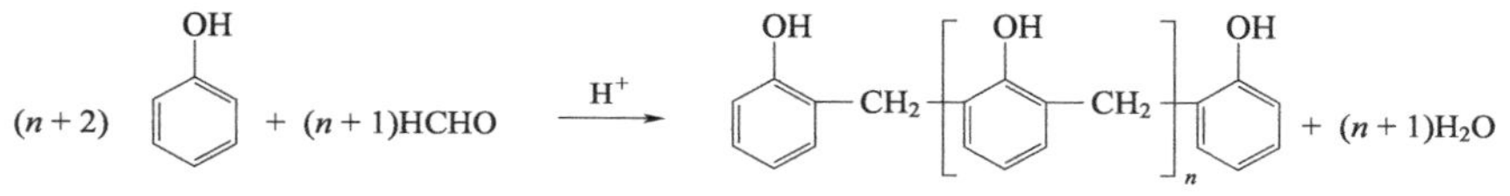

其次，上述生成的线型酚醛树脂再与环氧氯丙烷在催化剂条件下发生醚化反应，然后在 NaOH 的作用下脱除 HCl 进行闭环反应，最终形成酚醛型环氧树脂。

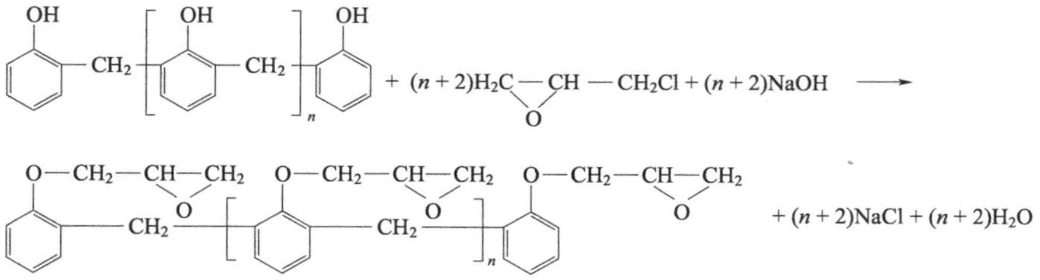

三、实验试剂和仪器

1. 主要试剂：甲醛、苯酚、盐酸、草酸、环氧氯丙烷、酚酞、NaOH、甲苯、$4,4'$-二氨基二苯甲烷、去离子水、碳酸氢钠、四丁基溴化铵、氢氧化钠。
2. 主要仪器：三口烧瓶、恒温水浴装置、温度计、烧杯、回流冷凝管、天平、搅拌器。

四、实验步骤

1. 将苯酚 9.4g、甲醛 1.2g、去离子水 0.18g 加入带有搅拌器的三口烧瓶中，搅拌均匀后加入 1mL 草酸，加热升温至 70℃，保温反应 5h，冷却至室温，加入少量碳酸氢钠溶液中和过量的酸，再减压蒸馏脱水。

2. 在上述溶液中加入 9.2g 环氧氯丙烷和催化剂四丁基溴化铵，加热升温至 70℃，保温反应 3h，冷却至室温后，加入 4.0g NaOH 溶液，继续反应 2h。反应结束后，加入甲苯，用水萃取三次，并水洗至溶液呈中性，蒸馏除去甲苯，收集产物，干燥，称重，即得酚醛型环氧树脂。

3. 酚醛型环氧树脂的固化：取上述酚醛型环氧树脂 1g，加入 0.28g 4,4′-二氨基二苯甲烷，搅拌均匀后，放置模具中，升温至 150℃固化 3h，再升温至 180℃固化 2h。

五、思考题

1. 甲醛与苯酚的投料比对合成线型酚醛树脂有哪些影响？
2. 在闭环反应过程中 NaOH 加入量对环氧化反应有哪些影响？

第6章

高分子材料的表征与性能分析

实验 29　黏度法测定聚合物的分子量

一、实验目的

1. 掌握黏度法测定聚合物分子量的基本原理。
2. 掌握黏度法测定聚合物分子量的实验基本方法。
3. 测定线型聚合物聚苯乙烯的平均分子量。

二、实验原理

黏度法是测定聚合物分子量的相对方法。分子量是聚合物最基本的结构参数之一，聚合物的分子量对聚合物的力学性能、溶解性、流动性均有极大影响。测定聚合物分子量的方法很多，不同测定方法所得出的统计平均分子量的意义有所不同，其适应的分子量范围也不相同。由于黏度法具有设备简单、操作方便、分子量适用范围广（$10^4 \sim 10^7$）、实验精度高等优点，在聚合物的生产及科研中得到十分广泛的应用。通过聚合物体系黏度的测定，除了提供黏均分子量外，还可得到聚合物的无扰链尺寸和膨胀因子，其应用最为广泛。

1. 黏性液体的牛顿型流动

黏性流体在流动过程中，由于分子间的相互作用，产生了阻碍运动的内摩擦力，黏度就是这种内摩擦力的表现，即黏度可以表征黏性液体在流动过程中所受阻力的大小。

按照牛顿的黏性流动定律，当两层流动液体间由于黏性液体分子间的内摩擦力在其相邻各流层之间产生流动速度梯度（$\mathrm{d}v/\mathrm{d}r$）时，液体对流动的黏性阻力是：

$$F/A = \eta \frac{\mathrm{d}v}{\mathrm{d}r} \tag{6-1}$$

式中，η 为液体黏度，$Pa \cdot s$；A 为平行板面积；F 为外力。该式即为牛顿流体定律表达式。

符合牛顿流体定律的液体称为牛顿型液体。高分子稀溶液在毛细管中的流动基本属于牛顿型流动。在测定聚合物的特性黏度时，以毛细管黏度计最为方便。

2. 泊肃叶定律

高分子溶液在均匀压力 p（即重力 $\rho g h$）作用下，流经半径为 R、长度为 L 的均匀毛细管，根据牛顿黏性定律，可以导出泊肃叶公式：

$$\eta = \frac{\pi g h R^4 \rho t}{8LV} \tag{6-2}$$

式中，g 为重力加速度；ρ 为流体的密度；V 为流出体积；t 为流出时间。

由于液体在毛细管内流动存在位能，除克服部分内摩擦力外，还会使其获得动能，结果导致实测值偏低。因此，须对泊肃叶公式作必要的修正：

$$\eta = \frac{\pi g h R^4 \rho t}{8LV} - \frac{m\rho V}{8\pi L t} \tag{6-3}$$

式中，m 为毛细管两端液体流动有关常数。

若令 $A = \frac{\pi g h R^4}{8LV}$；$B = \frac{mV}{8\pi L}$，上式可简化为：

$$\frac{\eta}{\rho} = At - \frac{B}{t} \tag{6-4}$$

3. 聚合物溶液黏度的测定

聚合物在良溶剂中充分溶解和分散，其分子链在良溶剂中的构象是无规线团。这样聚合物稀溶液在流动过程中，分子链线团与线团间存在摩擦力，使得溶液表现出比纯溶剂的黏度高。聚合物在稀溶液中的黏度是它在流动过程中所存在的内摩擦的反映，其中溶剂分子相互之间的内摩擦所表现出来的黏度叫作溶剂黏度，以 η_0 表示，单位为 Pa·s。而聚合物分子相互间的内摩擦以及聚合物分子与溶剂分子之间的内摩擦，再加上溶剂分子相互间的摩擦，三者的总和表现为聚合物溶液的黏度，以 η 表示。聚合物稀溶液的黏度主要反映了分子链线团间因流动或相对运动所产生的内摩擦阻力。分子链线团的密度越大、尺寸越大，则其内摩擦阻力越大，聚合物溶液表现出来的黏度就越大。聚合物溶液的黏度与聚合物的结构、溶液浓度、溶剂的性质、温度和压力等因素有密切的关系。通过测量聚合物稀溶液的黏度可以计算得到聚合物的分子量，称为黏均分子量。

对于聚合物进入溶液后所引起的体系黏度的变化，一般采用下列相关的黏度定义进行描述。

在相同温度下，聚合物溶液的黏度一般要比纯溶剂的黏度大，即 $\eta > \eta_0$，黏度增加的分数叫作增比黏度，以 η_{sp} 表示。相对于溶剂来说，溶液黏度增加的分数为：

$$\eta_{sp} = \frac{\eta - \eta_0}{\eta_0} \tag{6-5}$$

增比黏度是一个无量纲量，与溶液的浓度有关。

而溶液黏度与纯溶剂黏度的比值称为相对黏度，记作 η_r，即

$$\eta_r = \frac{\eta}{\eta_0} \tag{6-6}$$

黏度比也是一个无量纲量，随着溶液浓度的增加而增加。对于低剪切速率下的聚合物溶液，其值一般大于1。黏度比也是整个溶液的黏度行为，增比黏度则意味着已扣除了溶剂分子之间的内摩擦效应。两者关系为

$$\eta_{sp} = \frac{\eta}{\eta_0} - 1 = \eta_r - 1 \tag{6-7}$$

对于高分子溶液，增比黏度往往随溶液浓度的增加而增大，因此常用其与浓度 c 之比来表示溶液的黏度，称为比浓黏度或黏数，即

$$\frac{\eta_{sp}}{c} = \frac{\eta_r - 1}{c} \tag{6-8}$$

比浓黏度的单位是浓度单位的倒数，一般用 mL/g 表示。

对数黏度（比浓对数黏度）的定义是黏度比的自然对数和浓度之比，即

$$\frac{\ln \eta_r}{c} = \frac{\ln(1 + \eta_{sp})}{c} \tag{6-9}$$

对数黏度单位为浓度单位的倒数，常用 mL/g 表示。

由式(6-4) 及式(6-6) 可得

$$\eta_r = \frac{\rho}{\rho_0} \times \frac{At - B/t}{At_0 - B/t_0} \tag{6-10}$$

在实验中，如果仪器设计得当和溶剂选择合适，可以忽略动能改正影响，式(6-10) 还可简化为：

$$\eta_r = \frac{\rho}{\rho_0} \times \frac{At}{At_0} = \frac{\rho t}{\rho_0 t_0} \tag{6-11}$$

又因为实验通常在极稀溶液中进行，所以 $\rho \approx \rho_0$，因此，式(6-5) 和式(6-6) 可改写成：

$$\eta_r = t/t_0 \tag{6-12}$$

$$\eta_{sp} = (t - t_0)/t_0 \tag{6-13}$$

式中，t、t_0 是聚合物溶液、纯溶剂的流出时间。

显然，在一定温度下测定纯溶剂和不同浓度的聚合物溶液流出的时间，即可求出各种浓度下的 η_r 和 η_{sp}。

黏度除与分子量有关外，对溶液浓度有很大的依赖性。能够反映这种依赖性的经验公式很多，其中最常用的有两个，即哈金斯（Huggins）方程

$$\frac{\eta_{sp}}{c} = [\eta] + k'[\eta]^2 c \tag{6-14}$$

以及克拉默（Kraemer）方程

$$\frac{\ln \eta_r}{c} = [\eta] - \beta[\eta]^2 c \tag{6-15}$$

对于给定的聚合物，在给定温度和溶剂时，k'、β 应是常数。其中，k' 称为哈金斯常数，它表示溶液中聚合物分子链线团间、聚合物分子链线团与溶剂分子间的相互作用，k' 值一般来说对分子量并不敏感。对于线型柔性链聚合物-良溶剂体系，$k' = 0.3 \sim 0.4$，$k' + \beta = 0.5$。

如果用 η_{sp}/c 或 $\ln \eta_r/c$ 对 c 作图（图 6-1），并外推到 $c \to 0$，两条直线在纵坐标上交于一点，其截距即 $[\eta]$。用公式表示为：

$$[\eta] = \lim_{c \to 0} \frac{\ln \eta_r}{c} = \lim_{c \to 0} \frac{\eta_{sp}}{c} \tag{6-16}$$

$[\eta]$ 即为聚合物溶液的特性黏度，其数值与浓度无关，单位是浓度单位的倒数。

大量的实验证明，对于给定聚合物在给定的溶剂和温度下，特性黏度的数值仅由给定聚合物的分子量所决定，$[\eta]$ 与给定聚合物的黏均分子量 M 的关系可以由 Mark-Houwink 方程表示：

$$[\eta] = KM^\alpha \tag{6-17}$$

式中，K、α 均为常数，其值与聚合物、溶剂、温度和分子量分布范围有关。聚苯乙烯在 25℃，甲苯作溶剂时，$K=9.2\times10^{-3}$，$\alpha=0.72$。由此可以计算聚合物的平均分子量。

由上可见，用黏度法测定聚合物分子量，关键在于聚合物溶液特性黏度 $[\eta]$ 的测定，目前最为方便的实验方法是用毛细管黏度计测定溶液的黏度比。常用的稀释型黏度计为稀释型乌氏（Ubbelchde）黏度计，如图 6-2 所示，其特点是溶液的体积对测量没有影响，所以可以在黏度计内采取逐步稀释的方法得到不同浓度的溶液。

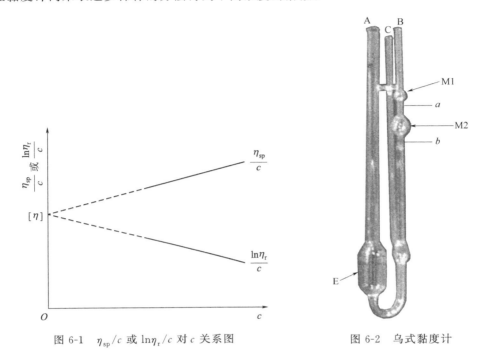

图 6-1　η_{sp}/c 或 $\ln\eta_r/c$ 对 c 关系图　　　　图 6-2　乌式黏度计

三、实验试剂和仪器

1. 主要试剂：聚苯乙烯（工业级）、甲苯（分析纯）、含 30% 硝酸钠的硫酸溶液、蒸馏水。

2. 主要仪器：恒温槽、乌氏黏度计、玻璃砂芯漏斗、针筒、容量瓶、移液管、洗耳球、精密温度计、秒表。

四、实验步骤

1. 调节恒温槽温度

根据实验需要将恒温槽温度调节至（25.00±0.05）℃。

2. 聚合物溶液配制

用黏度法测聚合物分子量，选择高分子-溶剂体系时，常数 K、α 值必须是已知的，而且所用溶剂应该具有稳定、易得、易于纯化、挥发性小、毒性小等特点。

在分析天平上称取 0.2～0.3g（精确到 0.01mg）聚苯乙烯，小心加入 25mL 容量瓶中，加入略少于 25mL 的甲苯（不必过滤），使之溶解，待聚合物完全溶解之后，放入已调节好的恒温槽中。待恒温后，用玻璃砂芯漏斗滤入另一只 25mL 容量瓶中，并通过玻璃砂芯漏斗加入甲苯至刻度，恒温待用。

容量瓶及玻璃砂芯漏斗用后立即洗涤。玻璃砂芯漏斗要用含 30％硝酸钠的硫酸溶液洗涤，再用蒸馏水抽滤，烘干待用。

3. 黏度计洗涤

黏度计和待测液体是否清洁是实验能否成功的关键之一。由于毛细管黏度计中毛细管的内径一般很小，容易被溶液中的灰尘和杂质所堵塞，一旦毛细管被堵塞，则溶液流经刻线 a 和 b 所需时间无法重复和准确测量，导致实验失败。

若是新的黏度计，先用洗液浸泡，再用自来水洗三次，蒸馏水洗三次，烘干待用。对已用过的黏度计，则先用甲苯灌入黏度计中浸洗，除去留在黏度计中的聚合物，尤其是毛细管部分要反复用溶剂清洗。洗毕，将甲苯溶液倒入回收瓶中，再用洗液、自来水、蒸馏水洗涤黏度计，最后烘干。如果不先用溶剂浸泡，残留的有机物会将洗液中的 $K_2Cr_2O_7$ 还原，使洗液失效。聚合物也会被炭化，使仪器堵塞，不易洗净。在用洗液浸泡以前，仪器中的水应尽量弄干，否则，将冲稀洗液，降低其去污效果。

4. 溶剂流出时间测定

本实验用乌氏黏度计。它是气承悬柱式可稀释的黏度计，把预先经严格洗净、检查过的洁净黏度计垂直夹持于恒温槽中，使水面完全浸没小球 M1。用移液管吸 10mL 甲苯，从 A 管注入 E 球中。于 25℃恒温槽中恒温 3min，然后进行流出时间 t_0 的测定。用手捏住 C 管管口，使之不通气，在 B 管用洗耳球将溶剂从 E 球经毛细管、M2 球吸入 M1 球，先松开洗耳球后，再松开 C 管，让 C 管通大气。此时液体即开始流回 E 球。此时操作者要集中精神，用眼睛水平地注视正在下降的液面，并用秒表准确地测出液面流经 a 线与 b 线之间所需的时间，并记录。重复上述操作三次，每次测定时间相差不大于 0.2s。取三次的平均值为 t_0，即为溶剂的流出时间。但有时相邻两次时间之差虽不超过 0.2s，而连续所得的数据是递增或递减（表明溶液体系未达到平衡状态），这时应认为所得的数据不可靠，可能是温度不恒定，或浓度不均匀，应继续测定。

5. 溶液流出时间测定

测定 t_0 后，将黏度计中的甲苯倒入回收瓶，并将黏度计烘干，用干净的移液管吸取已恒温好的被测溶液 8mL，移入黏度计（注意尽量不要将溶液沾在管壁上），恒温 3min，按前面的步骤，同样重复三次测定溶液（浓度 c_1）的流出时间 t_1。

用移液管加入 4mL 预先恒温好的甲苯，对上述溶液进行稀释，稀释后的溶液浓度（c_2）即为起始浓度 c_1 的 2/3。然后用同样的方法测定浓度为 c_2 的溶液的流出时间 t_2。与此相同，依次加入甲苯 4mL、4mL、4mL，使溶液浓度成为起始浓度的 1/2、2/5、1/3，分别测定其流出时间并记录下来。注意每次加入纯试剂后，一定要混合均匀，每次稀释后都要用稀释液抽洗黏度计的 E 球、毛细管、M2 球和 M1 球，使黏度计内各处溶液的浓度相等，且要等到恒温后再测定。

五、数据处理

1. 实验数据

实验数据记录于表 6-1 中。

表 6-1　实验数据

项目	流出时间/s				η_r	$\ln\eta_r$	$\dfrac{\ln\eta_r}{c}$	η_{sp}	$\dfrac{\eta_{sp}}{c}$
	一	二	三	平均					
t_0									
t_1									
t_2									
t_3									
t_4									
t_5									

2. 作图

用 η_{sp}/c 或 $\ln\eta_r/c$ 对 c 作图，并外推到 $c=0$，所得截距即 $[\eta]$。

3. 分子量计算

根据已知的 K 和 α，按式（6-17）计算分子量。

六、注意事项

1. 乌氏黏度计上的 A、B、C 三支管中，B、C 两管特别细，极易折断。因此，拿黏度计时必须拿住 A 管。特别是在安装、固定和取出时，更应该小心谨慎。

2. 黏度计必须洁净，高聚物溶液中若有絮状物不能将它移入黏度计中。

3. 本实验溶液的稀释是直接在黏度计中进行的，因此每加入一次溶剂进行稀释时必须混合均匀，并抽洗毛细管、M1 球和 M2 球。

4. 实验过程中恒温槽的温度要恒定，溶液每次稀释恒温后才能测量。

5. 黏度计要垂直放置。实验过程中不要振动黏度计。

6. 往黏度计内加入溶液时，溶液不能流到黏度计的壁上，待测溶液在黏度计内不能有气泡。

7. 高聚物在溶剂中溶解缓慢，配制溶液时必须保证其完全溶解，否则会影响溶液起始浓度，而导致结果偏低。

七、思考题

1. 乌氏黏度计有何特点？

2. 为什么说黏度法测定聚合物分子量是相对方法？

3. 黏度法测定聚合物分子量的影响因素有哪些？

实验 30　凝胶渗透色谱法测定聚合物的分子量及分子量分布

　　合成聚合物一般是由不同分子量的同系物组成的混合物，具有两个特点：分子量大和同系物的分子量具有多分散性。目前在表示某一聚合物分子量时一般同时给出其平均分子量和分子量分布。分子量分布是指聚合物中各同系物的含量与其分子量间的关系，可以用聚合物的分子量分布曲线来描述。聚合物的物理性能与其分子量和分子量分布密切相关，因此对聚合物的分子量和分子量分布进行测定具有重要的科学和实际意义。同时，由于聚合物的分子量和分子量分布是由聚合过程的机理所决定，通过聚合物的分子量和分子量分布与聚合时间的关系可以研究聚合机理和聚合动力学。凝胶渗透色谱（gel permeation chromatography, GPC）是利用高分子溶液通过填充有特种凝胶的柱子把聚合物分子按尺寸大小进行分离的方法。GPC是液相色谱，能用于测定聚合物的分子量及分子量分布，也能用于测定聚合物内小分子物质、聚合物支化度及共聚物组成等，以及作为聚合物的分离和分级手段。

一、实验目的

　　1. 了解凝胶渗透色谱法（GPC）的基本原理。
　　2. 掌握 GPC 的进样、淋洗、接收、检测等基本操作及数据处理方法。
　　3. 掌握 GPC 法测定聚合物的分子量及分子量分布。

二、实验原理

1. 分离机理

　　GPC 是一种新型液相色谱，除了能用于测定聚合物的分子量及其分布外，还广泛用于研究聚合物的支化度、共聚物的组成分布及高分子材料中微量添加剂的分析等方面。同各种类型的色谱一样，GPC 具有分离功能，其分离机理比较复杂，目前还未取得一致的意见。但在 GPC 的一般实验条件下，体积排除分离机理被认为起主要作用，因此 GPC 技术又称为体积排除色谱（size exclusion chromatography，SEC）。

　　体积排除分离机理认为：GPC 的分离主要是由于大小不同的溶质分子在多孔性填料中可以渗透的空间体积不同而形成的。装填在色谱柱中的多孔性微球形状填料（例如交联度很高的聚苯乙烯凝胶、多孔硅胶、多孔玻璃、聚丙烯酰胺、聚甲基丙烯酸、交联葡萄糖、琼脂糖等）不仅在填料颗粒之间具有一定的间隙，而且在填料内部具有许多大小不一的孔洞。当被测试的多分散性试样随淋洗溶剂进入色谱柱后，溶质分子即向填料内部孔洞渗透，渗透的程度取决于溶质分子体积的大小。体积较大（或分子量较大）的分子只能进入较大的孔洞，而体积较小（或分子量较小）的分子除了能进入较大的孔洞外，还能进入较小的孔洞，因此体积不同的分子在流过色谱柱时实际经过的路程是不同的，分子体积越大，路程越短。随着溶剂淋洗过程的进行，体积最大的分子最先被淋洗出来，依次流出的是尺寸较小的分子，最小的分子最后被淋洗出来，从而达到使不同大小的分子得以分离的目的。因此，聚合物淋出体积与其分子量有关，分子量越大，淋出体积越小。以上为 GPC 机理的一般解释，如图 6-3 所示。

　　色谱柱总体积 V_t 包括三部分：

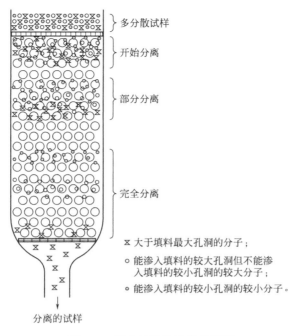

图 6-3　GPC 色谱柱的分离机理

$$V_t = V_g + V_0 + V_i \tag{6-18}$$

式中，V_g 为填料的骨架体积；V_0 为填料微粒紧密堆积后的粒间空隙；V_i 为填料孔洞的体积；$V_0 + V_i$ 是聚合物分子可利用的空间。由于聚合物分子在填料孔内、外分布不同，故实际可利用的空间为：

$$V_e = V_0 + KV_i \tag{6-19}$$

式中，K 为分配系数，即可以被溶质分子进入的填料孔体积与填料的总孔体积之比，$0 \leqslant K \leqslant 1$，与聚合物分子尺寸大小和在填料孔内、外的浓度比有关；V_e 为淋出体积，即从色谱柱被淋洗出来的淋出液总体积。

若高聚物试样中尺寸较大的高分子不能进入填料中的任何孔洞，则该尺寸的高分子在色谱柱中的活动空间体积最小，此时 $K = 0$，$V_e = V_0$。这类分子首先被淋洗出来，色谱柱对于这类分子没有分离作用。若高聚物试样中尺寸较小的高分子能够进入填料中的所有孔洞，则该尺寸的高分子在色谱柱内的活动空间体积最多，此时 $K = 1$，$V_e = V_0 + V_i$。这类分子最后被淋洗出来，色谱柱对于这类分子也没有分离作用。上述是两种极端的情况，对于尺寸介于上述两极端之间的分子，$0 < K < 1$，大小不同的分子有不同的 K 值，相应保留体积也就不同，从而这些分子将按照分子体积由大到小的次序被淋洗出来。其中，分子量较大的高分子的 K 值较小，V_e 值较小，因而较先从色谱柱中被淋洗出来；而分子量较小的高分子的 K 值较大，V_e 值较大，因而较后从色谱柱中被淋洗出来。

由于聚合物分子在溶液中的体积取决于其分子量、分子链的柔顺性、支化程度、溶剂和温度。聚合物分子链的结构、溶剂和温度确定后，聚合物分子的体积主要依赖于其分子量。因此，当多分散聚合物分子随着溶剂流经 GPC 色谱柱时，这些分子将按照分子体积由大到小的次序被分离出来，实际上对应着分子量由大到小次序的分离。

实验证明，高分子溶质的分子量 M 和其淋出体积 V_e 之间有下列单值对数函数关系：

$$\ln M = A - BV_e \qquad\qquad (6\text{-}20)$$

式中，A、B 为与操作条件及填料有关的仪器常数，可通过实验将它们测定出来。B 值越小，表明色谱柱的分辨率越高。

2. 凝胶渗透色谱仪及 GPC 谱图

凝胶渗透色谱仪（简称 GPC 仪）是将高聚物试样通过色谱柱分离后，连续地测定其中各个级分的分子量及其相对含量的仪器。目前国内外的 GPC 仪都已装配成具有自动化水平的仪器，但有的实验室中仍还使用简易型 GPC 仪。不论是什么型号，GPC 仪都是由输液系统、色谱柱、检测器及记录仪三大部分组成的。国产 SN-01A 型 GPC 仪的流程示意图如图 6-4 所示，它由试样和溶剂的输送系统（包括进样装置、高压精密微量输液泵、溶剂储瓶、脱气装置、过滤器、各种调节阀和压力表等）、浓度检测器（示差折光仪）、分子量检测器（包括电工吸管和光电管等）、记录仪等部件组成。

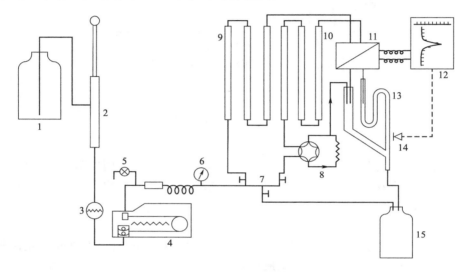

图 6-4　国产 SN-01A 型 GPC 仪流程示意图

1—溶剂储瓶；2—脱气器；3—过滤器；4—柱塞泵；5—放液阀；6—压力表；7—调节阀；
8—进样阀；9—参比柱；10—样品柱；11—示差折光仪；12—记录仪；13—虹吸管；
14—光电二极管；15—废液瓶

从溶剂储瓶中出来的溶剂流经脱气器除去其中的气体，经由过滤器进入柱塞泵，从泵中压出的溶剂分两路分别进入参比流路和样品流路，均用调节阀调节流量。参比流路的溶剂经参比柱后，通过示差折光仪的参比柱，再流入废液瓶；样品流路的溶剂先通过进样阀将高聚物样品溶液带入样品柱后，再进入示差折光仪的样品柱，然后进入虹吸管，每流满一虹吸管后自动虹吸一次为一个级分，并以光电信号输入记录仪打一次标记（即记录一次淋出体积，因为虹吸管的体积为一个定值，淋出体积与淋出液体的虹吸管次数成正比）。示差折光仪是连续监视样品流路与参比流路之间液体折射率差值的检测器，当样品柱和参比柱中都是纯溶剂时，折射率差值为零，记录仪的指针不动（指零），而等速移动的记录纸使之画出一条直线（基线）。当高聚物试样经色谱柱分离后进入样品池时，溶液的折射率（n_2）与溶剂的折射率（n_1）之差（$\Delta n = n_2 - n_1$）不再为零，在稀溶液范围，此差值与溶液的浓度成正比，记录仪上的指针随着淋出体积的增大而不断地画出其相应的折射率差值，从而绘出 GPC 谱图（也就是 Δn-V_e曲线），如图 6-5 所示。

　　分子量的测定有直接法和间接法。直接法是将淋出体积不同的各级分用分子量检测器（如自动黏度计或小角激光光散射检测器）在浓度检测器测定溶液浓度的同时，测定其黏度或光散射，从而计算出分子量及其分布的数据，计算中不需要校正曲线。间接法又称校正曲线法，是根据校正曲线，将测出的淋出体积换算成分子量的方法。本实验采用间接法测定聚合物的分子量。

　　对 GPC 仪器中所用的溶剂，一般要求其本身的黏度较低、沸点较高，而且不与所用的色谱柱中的填料起化学反应。针对具体的体系还有一些特殊的要求。例如：若使用示差折光仪作为检测器时，要求溶剂的折射率与高聚物试样的折射率相差较大，以提高灵敏度；若使用红外、可见光、紫外吸收等检测器时，则要求溶剂在所选用的波长范围内没有干扰；而使用火焰离子化检测器时，要求溶剂的沸点较低（相对于试样而言），使之易于蒸发除去。检测器的灵敏度越高，对溶剂的纯度要求越高。本实验所用的示差折光仪对溶剂的纯度要求较高。

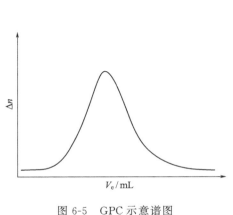

图 6-5　GPC 示意谱图

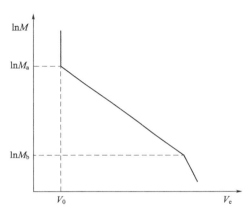

图 6-6　色谱柱的校正曲线

3. GPC 色谱柱的校正曲线

　　式(6-20) 表明，色谱柱一定时，淋出体积的大小就反映了被分离开的各个高分子级分的分子量大小。而各个级分在试样中所占的比重一般可通过淋出溶液的浓度（或折射率之差 Δn）来反映，要从所测出的 GPC 谱图（Δn-V_e 曲线）获得分子量及其分布的结果，还需要具体从各个 V_e 值算出相应的 M 值，也就是需要知道式(6-20) 中 A、B 的具体数值。可以通过测定一系列已知分子量的单分散性高聚物标准试样的 V_e 值，把所用色谱柱的 $\ln M$-V_e关系用图线表示出来，就是该色谱柱的校正曲线（如图 6-6 所示）。聚合物中几乎找不到单分散的标准样，一般用窄分布的试样代替。从校准曲线中间部分直线的斜率可求出 B 值，从截距可求出 A 值。校正曲线两端各有一个色谱柱的有效极限值 M_a 和 M_b，它们分别是该色谱柱能够对高聚物试样按分子量大小进行分离的分子量上限和下限。也就是说，$M_\text{b} \sim M_\text{a}$ 是色谱柱的有效分离范围，被测高聚物试样中所有高分子的分子量只有处于该范围内时，才能使该试样获得有效的分离和测定。根据校正曲线，从测定出的被测高聚物试样各级分的 V_e 数据就可获得相应的分子量 M 值。

4. GPC 数据处理

　　从 GPC 谱图计算高聚物试样平均分子量的方法可分为两大类。

① 定义法。定义法是指从试样的 GPC 谱图和校准曲线出发，按照平均分子量的定义式，计算出高聚物试样的平均分子量。

由于 GPC 谱图的纵坐标高度 H 与淋出液中高聚物试样的浓度成正比，它反映了各个级分在试样中所占的比重大小，而横坐标 V_e 反映了各个级分的分子量大小，因此，GPC 谱图可以作为同一条件下所测高聚物试样之间分子量分布的一种直观比较。但为了便于比较不同仪器和不同条件下测得的结果，还需要将 GPC 谱图进行归一化处理。将 GPC 谱图在横坐标方向上等间隔地分割成 n 个离散点的 H_i-V_i 对应数据（如图 6-7 所示），则每一个级分的质量分数 w_i 可以表示为：

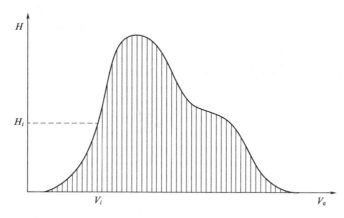

图 6-7 GPC 谱图分割求平均分子量

$$w_i = \frac{H_i}{\sum\limits_{i=1}^{n} H_i} \tag{6-21}$$

通常 n 至少等于 20。从校正曲线上查出对应各个 V_i 值的 M_i 值，以 w_i 为纵坐标，以 M_i 为横坐标，就可画出归一化的分子量分布曲线（即满足 $\sum w_i = 1$）。有了各级分的质量分数和分子量数据，就可根据各种平均分子量的定义式，采用下列式子计算出所测高聚物试样的质均分子量、数均分子量以及多分散系数 HI：

$$\overline{M_w} = \sum_{i=1}^{n} w_i M_i = \frac{\sum\limits_{i=1}^{n} H_i M_i}{\sum\limits_{i=1}^{n} H_i} \tag{6-22}$$

$$\overline{M_n} = \left\{ \sum_{i=1}^{n} \frac{w_i}{M_i} \right\}^{-1} = \left(\sum_{i=1}^{n} \frac{H_i / \sum H_i}{M_i} \right)^{-1} \tag{6-23}$$

$$HI = \frac{\overline{M_w}}{\overline{M_n}} \tag{6-24}$$

② 函数适应法。函数适应法是指利用其曲线形状与高聚物试样的分子量分布曲线相近的数学模型，通过数学推算来求得高聚物的平均分子量。

人们通过实验发现许多情况下 GPC 谱图比较接近于高斯分布，于是利用高斯分布函数来求算平均分子量及其分布。以淋出体积 V_e 为自变量的质量微分分布 W（V_e）的高斯分布函数形式为：

$$W(V_e) = \frac{1}{\sigma(2\pi)^{1/2}} \exp\left[-\frac{(V_e - V_p)^2}{2\sigma^2}\right] \tag{6-25}$$

式中，σ 为标准偏差（它等于 GPC 谱图峰底宽 W_0 的 $1/4$，即 $\sigma = W_0/4$，如图 6-8 所示，峰底宽是经谱线两侧拐点画两条切线与基线交点之间的距离）；V_p 为峰顶所对应的淋出体积。通过数学推导，可以得出下列公式：

$$\overline{M}_w = M_p \exp\left(\frac{B^2\sigma^2}{2}\right) \tag{6-26}$$

$$\overline{M}_n = M_p \exp\left(-\frac{B^2\sigma^2}{2}\right) \tag{6-27}$$

$$\mathrm{HI} = \exp(B^2\sigma^2) \tag{6-28}$$

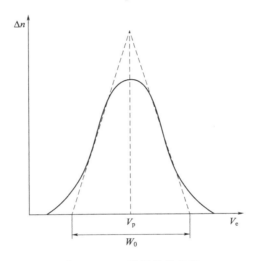

图 6-8　GPC 谱图的峰底宽

这样，只要根据 GPC 谱图的峰底宽 W_0 算出 σ 值，从校准曲线上查得对应 V_p 的 M_p 值，再利用校准曲线的 B 值，就可用上述公式计算出平均分子量数据。

应该指出，GPC 谱图普遍存在着加宽效应，也就是说，即使注射一个单分散试样（如小分子试样），所得出的谱图仍然是具有一定宽度的分布曲线形式，而不是一条竖直线。加宽效应是色谱柱填充不均匀造成的涡流扩散、溶质和溶剂之间浓度差造成的分子扩散以及填料对试样的吸附作用等物理因素所致。加宽效应的校正是一个比较复杂的问题，在仪器分辨率很高的情况下加宽效应可以减小到很小，一般来说，多分散系数 >1.5 的试样可忽略加宽效应。

三、实验试剂和仪器

1. 主要试剂：聚苯乙烯、四氢呋喃。

2. 主要仪器：凝胶渗透色谱仪、分析天平、注射器（2mL、5mL 各一支）、容量瓶（25mL）。

四、实验步骤

1. 配制聚苯乙烯溶液：用分析天平准确称取聚苯乙烯试样 0.025g（准确到小数点后第

四位数值），置于洁净干燥的 25mL 容量瓶中，用从 GPC 仪器中抽取的四氢呋喃溶剂将聚苯乙烯溶解，并加溶剂至容量瓶刻线，摇匀待用。

2. 开机前，先打开机门，检查各部分是否都在正常位置。打开放液阀。打开泵盖，观看变速箱的齿轮是否挂上，若已挂上，则开启稳压电源开关。等待 15min 后，打开仪器总电源及泵电源开关，看两个凸轮是否正向转动；若为反转，则需改变电源相位。

3. 等仪器运转正常后，放液约 20min，并查看放液管道，注意流速是否正常。若正常，则关闭放液阀，开启两个流量调节阀。过一段时间就可观察到两个流出管有溶剂排出，此时观察样品柱与参比柱的流速是否正常，可轻轻转动调节阀加以调整。

4. 打开记录仪电源，开始基线可能会不正常，这是由于体系内有气泡，待气泡逐渐排出后，仪器转入正常运转，可以开始测定试样。

5. 试样测定：把进样六通阀扳在"准备"位置，用 5mL 注射器在进样口用力注入空气使样品管排空；用 2mL 注射器吸取 1.5～2mL 溶液试样，并使针头向上排出注射器中的空气，用滤纸擦干针尖，把针头迅速插入进样口，将溶液试样慢慢注入样品管内，直到溢流口溢出多余的溶液且无气泡出现为止，表明样品管已被充满。等到虹吸管刚被滴满而将要发生虹吸时，立刻把六通阀扳到"工作"位置，并立即按一下进样指示，则记录笔便画出一长线标明进样位置。

6. 等试样出峰完毕后，用注射器从进样口注入干净的溶剂 2～3 次，清洗六通阀。关闭泵电源。关闭仪器总电源及交流稳压电源。整理好实验用品。

五、数据处理

1. 将所测定出的 GPC 谱图按照定义法求算其平均分子量及多分散系数。

2. 根据所测 GPC 谱图，采用高斯函数适应法求算平均分子量数据，并与定义法得出的结果进行比较。

六、注意事项

1. GPC 法测定结果对于实验条件的依赖性很大，因而要力求保持条件的稳定，在实验过程中不要随意扳动仪器上的旋钮、阀门和开关。

2. 溶液试样的浓度一般为 0.05%～0.3%，配制溶液的溶剂必须和仪器中流动的溶剂一致，不溶性的杂质应滤去。

3. 溶剂流速一般为 0.5～1.0mL/min。

七、思考题

1. 简述凝胶渗透色谱的分离机理。

2. 为什么在凝胶渗透色谱实验中，样品溶液的浓度不必准确配制？

3. 分子量相同的样品，线型分子和支化度大的分子何者先流出 GPC 色谱柱？

实验 31　差示扫描量热仪测聚合物的玻璃化转变温度

差示扫描量热法（differential scanning calorimetry，DSC）是一种热分析法，在程序控制温度下，测量输入试样和参比物的功率差（如以热的形式）与温度的关系。差示扫描量热仪记录到的曲线称 DSC 曲线，可以测定多种热力学和动力学参数，如比热容、反应热、转变热、相图、反应速率、结晶速率、高聚物结晶度、样品纯度等。聚合物的玻璃化转变，是玻璃态和高弹态之间的转变。在发生转变的时候，聚合物的许多物理性质发生急剧的变化，玻璃化转变不是热力学平衡过程，而是一个松弛过程。材料在玻璃化转变温度前后比热容往往会发生变化，差示扫描量热法可以检测到这种热效应。本实验通过差示扫描量热法来测定聚合物的玻璃化转变温度。

一、实验目的

1. 掌握差示扫描量热仪的基本原理及其应用。
2. 学会用 DSC 测定聚合物玻璃化转变温度。

二、实验原理

对于非晶聚物，对它施加恒定的力，发生的形变与温度的关系通常称为温度形变曲线或热机械曲线。非晶聚物有三种力学状态，即玻璃态、高弹态和黏流态。在温度较低时，材料为刚性固体状，与玻璃相似，在外力作用下只会发生非常小的形变，此状态即为玻璃态。当温度继续升高到一定范围后，材料的形变明显增加，并在随后的一定温度区间形变相对稳定，此状态即为高弹态，温度继续升高形变量又逐渐增大，材料逐渐变成黏性的流体，此时形变不可能恢复，此状态即为黏流态。通常把玻璃态与高弹态之间的转变，称为玻璃化转变，它所对应的转变温度即玻璃化转变温度，简称玻璃化温度。玻璃化转变温度是高分子材料的特征温度之一。以玻璃化转变温度为界，高分子材料呈现出不同的物理性质：在玻璃化转变温度以下，高分子材料为塑料；在玻璃化转变温度以上，高分子材料为橡胶。从工程应用角度而言，玻璃化转变温度是工程塑料使用温度上限，是橡胶或弹性体的使用温度下限。

聚合物的热分析是用仪器检测聚合物在加热或冷却过程中热效应的一种物理化学分析技术。差热分析（differential thermal analysis，DTA）是程序控温的条件下测量试样与参比物之间温度差随温度的变化，即测量聚合物在受热或冷却过程中，由于发生物理变化或化学变化而产生的热效应。物质发生结晶熔化、蒸发、升华、化学吸附、脱结晶水、玻璃化转变、气态还原时就会出现吸热反应；当涉及结晶形态的转变、化学分解、氧化还原反应、固态反应等就可能发生放热或吸热反应。但是，DTA 方法存在明显的缺点：一是试样在产生热效应时，升温速率是非线性的，难以进行定量；二是试样产生热效应时，由于与参比物、环境的温度有较大差异，三者之间会发生热交换，降低了对热效应测量的灵敏度和精确度。以上两个缺点使得 DTA 技术难以进行定量分析，只能进行定性或半定量的分析工作。差示扫描量热法（differential scanning calorimetry，DSC）是在 DTA 的基础上发展起来的，其原理是检测程序升降温过程中为保持样品和参比物温度始终相等所补偿的热流率随温度或时间的变化。该方法对试样产生的热效应能及时得到应有的补偿，使得试样与参比物之间无温差、无热交换，试样始终跟随炉温线性升温，测量灵敏度和精度大有提高，其结果可用于定量分析。

目前，常用的 DSC 仪分为两类：一类是功率补偿型 DSC；另一类是热流型 DSC。

功率补偿型 DSC 的主要特点是试样和参比物分别具有独立的加热器和传感器。整个仪器由两个控制系统进行监控，其中一个控制温度，使试样和参比物以预定的程序升温或降温；另一个用于补偿试样和参比物间的温差。参比物在所选定的扫描温度范围内不具有任何热效应。因此，在测试的过程中记录下的热效应就是由样品的变化引起的。当样品发生放热或吸热变化时，系统将自动调整两个加热炉的加热功率，以补偿样品所发生的热量改变，使样品和参比物的温度始终保持相同，使系统始终处于"热零位"状态。这就是功率补偿 DSC 仪的工作原理，即"热零位平衡"原理。

功率补偿型 DSC 仪如图 6-9 所示。假设试样放热速率为 ΔP（功率），试样底下热电偶的温度将高于参比物底下热电偶的温度，产生温差电势 $V_{\Delta T}$（图中上负下正的温差电势），经差热放大器放大后送到功率补偿放大器，输出功率 ΔP_c 使试样下的补偿加热丝电流 I_s 减小，参比物下的补偿加热丝电流 I_r 增大，使参比物热电偶温度高于试样热电偶的温度，产生一个上正下负的温差电势，抵消了因试样放热产生的 $V_{\Delta T}$，使 $V_{\Delta T} \to 0$，即使试样与参比物之间的温差 $\Delta T \to 0$。

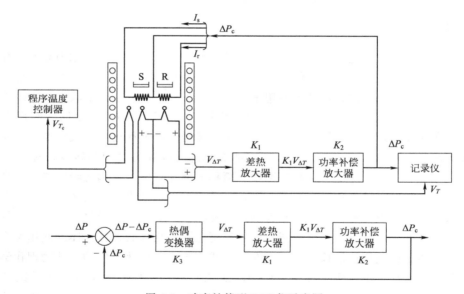

图 6-9　功率补偿型 DSC 仪示意图

图 6-9 中，ΔP 为试样放热速率（即放热功率），mW；ΔP_c 为补偿给试样和参比物热量之差的速率（即补偿功率差），mW；K_1 为差热放大器的放大倍数；K_2 为电压转变为功率差的变换系数，mW/mV；K_3 为功率差转变为毫伏电势的变换系数，mV/mW。

从图 6-9 中可以得到下式：

$$(\Delta P - \Delta P_c)K_3 K_2 K_1 = \Delta P_c \tag{6-29}$$

经整理后得：

$$\Delta P K_1 K_2 K_3 = \Delta P_c (K_1 K_2 K_3 + 1) \tag{6-30}$$

若 $K_1 K_2 K_3 \gg 1$，则：

$$\Delta P = \Delta P_c \tag{6-31}$$

即试样放热速率就是功率补偿放大器所补充给试样和参比物之差的功率。只要记录 ΔP_c 就可以知道试样的放热速率，而 ΔP_c 是容易测量的。

$$\Delta P_c = I_s^2 R_s - I_r^2 R_r \qquad (6\text{-}32)$$

式中，R_s、R_r 为试样、参比物的补偿加热丝电阻；I_s、I_r 为试样、参比物补偿加热丝中的电流。

若令 $R_s = R_r = R$，则：

$$\Delta P_c = (I_s + I_r)(I_s R_s - I_r R_r) = I \Delta V \qquad (6\text{-}33)$$

式中，ΔV 为试样和参比物补偿加热丝的电压差。只要记录 $I \Delta V$ 就是 ΔP_c 了，再对时间积分，见图 6-10。

$$W = \int_{t_1}^{t_2} \Delta P_c \, \mathrm{d}t \qquad (6\text{-}34)$$

功率补偿型 DSC 曲线与基线之间所围的面积（即图 6-10 中阴影部分）代表试样放热量或吸热量。

典型的差示扫描量热（DSC）曲线以热流率（$\mathrm{d}H/\mathrm{d}t$）为纵坐标，以时间（t）或温度（T）为横坐标，即 $\mathrm{d}H/\mathrm{d}t\text{-}t$（或 T）曲线。曲线离开基线的位移即代表样品吸热或放热的速率（mJ/s），而曲线中峰或谷包围的面积即代表热量的变化。因而差示扫描量热法可以直接测量样品在发生物理或化学变化时的热效应。

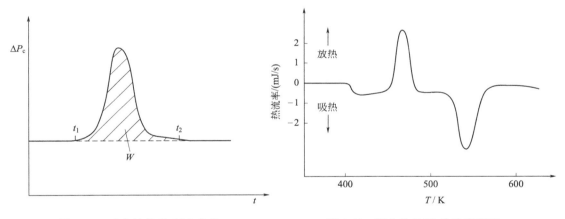

图 6-10　功率补偿型 DSC 曲线　　　　　图 6-11　聚合物 DSC 曲线模型图

图 6-11 是典型的聚合物的 DSC 曲线模型。随着温度升高，试样达到玻璃化转变温度 T_g 时，试样的热容由于局部链节移动而发生变化，一般为增大，所以相对于参比物而言，试样要维持与参比物相同温度就需要加大对试样的加热电流，又由于玻璃化转变不是相变化，使曲线产生阶梯状的位移，温度再行升高，如试样发生结晶，则将释放大量结晶热而产生一个放热峰，进一步升温，结晶熔化要吸收大量热而出现吸热峰。以结晶放热峰和熔融吸热峰的顶点所对应的温度作为 T_c 和 T_m，而对两峰积分所得的面积即为结晶热焓 ΔH_c 和熔融热 ΔH_m。这些过程并不是每种试样完全出现的，对某些试样有时仅出现其中一个过程或几个过程。如已经结晶的聚合物就不存在结晶峰，而只出现结晶熔融峰；又如某些杂环化合物大分子主链刚性很强，局部链节运动引起的热容很小，从 DSC 图中就很难找到阶梯状的基线位移，另外各过程的出现与测定的条件也密切相关。

三、实验试剂和仪器

1. 主要试剂：聚乙烯、聚氯乙烯、聚苯乙烯、涤纶、环氧树脂等聚合物样品。
2. 主要仪器：差示扫描量热仪（耐驰 DSC 200PC）、坩埚、天平、压片机。

四、实验步骤

1. 准备工作

① 开机：开启计算机和 DSC 测试仪。DSC 仪器预热 30min 后方可进行测试。同时打开氮气阀，将读数定在 0.05MPa。

② 制样：取适量样品并称量，将称好的样品放入坩埚中，用压片机压制。

③ 打开测试软件，建立新的测试窗口和测试文件。

④ 设定测试参数、测量类型、样品编号、样品名称、样品质量。

⑤ 打开温度校正文件和灵敏度校正文件。

⑥ 设定程序温度：进入温度控制程序设定程序温度。设定程序温度时，初始温度要比测试时出现的第一个特征温度至少低 50～60℃，一般选择升温步长为 10℃/min 或者 20℃/min。

2. 操作步骤

① 将样品坩埚和参比坩埚放入样品池。

② 在计算机中选择"开始"测试。

③ 用随机软件处理所得谱图，求得聚合物相应的特征转变温度。

④ 测试完毕关闭仪器。

五、数据处理

利用 DSC 曲线通过仪器分析软件确定样品的玻璃化转变温度、结晶温度及熔融温度。

六、注意事项

1. 实验过程中保持样品坩埚的清洁。
2. 实验完成后，必须等炉温降到 100℃ 以下才能打开炉盖。
3. DSC 测试温度范围应控制在样品分解温度以下。

七、思考题

1. DSC 测试仪的基本原理是什么？
2. DSC 在聚合物的研究中有哪些用途？
3. DSC 测试过程中有哪些影响因素？

实验 32　聚合物的热重分析

热重分析是以恒定速度加热试样，同时连续地测定试样失重的一种动态方法。此外，也可在恒定温度下，将失重作为时间的函数进行测定。应用热重分析可以研究各种气氛下高聚物的热稳定性和热分解作用，测定：水分、挥发物和残渣，增塑剂的挥发、水解和吸湿性，吸附和解吸，汽化速度和汽化热，升华速度和升华热，氧化降解，缩聚高聚物的固化程度，有填料的高聚物或掺和物的组成。此外，它还可以研究固相反应。

一、实验目的

1. 掌握热重分析的基本原理和操作。
2. 用热重分析进行聚合物的热稳定性测定。

二、实验原理

根据国际热分析协会（International Confederation for Thermal Analysis，ICTA）的定义，热重分析指温度在程序控制时，测量物质质量与温度之间的关系的技术。这里值得一提的是，定义为质量变化而不是重量变化是基于在磁场作用下，强磁性材料达到居里点时，虽然无质量变化，却有表观失重。而热重分析则指观测试样在受热过程中实质上的质量变化。热重分析所用的仪器是热天平，它的基本原理是样品重量变化所引起的天平位移量转化成电磁量，这个微小的电量经过放大器放大后，送入记录仪记录；而电量的大小正比于样品的重量变化量。当被测物质在加热过程中升华、汽化、分解出气体或失去结晶水时，被测的物质质量就会发生变化。这时热重曲线就不是直线而是有所下降。通过分析热重曲线，就可以知道被测物质在多少温度时产生变化，并且根据失重量，可以计算失去了多少物质。

热重分析（thermogravimetry analysis，TG 或 TGA）是热分析中的一种，它是在程序温度下测量试样的质量与温度或时间关系的一种方法。程序控温可以是升温、降温或者在某一温度下的恒温。它可以在较短的时间内观察物质在很宽的温度范围的质量变化。在对样品测量 TGA 过程中，利用温度变化过程中样品质量发生变化，测量温度（横坐标）-质量（纵坐标）曲线，来分析样品发生的化学反应。通过分析热重曲线，我们可以知道样品及其可能产生的中间产物的组成、热稳定性、热分解情况及产物等与质量相联系的信息。

热重法测定的结果与实验条件有关，为了得到准确性和重复性好的热重曲线，我们有必要对各种影响因素进行仔细分析。影响热重测试结果的因素，基本上可以分为三类：仪器因素、实验条件因素和样品因素。

1. 仪器因素

包括气体浮力和对流、坩埚、挥发物冷凝、天平灵敏度、样品支架和热电偶等。对于给定的热重仪器，天平灵敏度、样品支架和热电偶的影响是固定不变的，我们可以通过质量校正和温度校正来减少或消除这些系统误差。

① 气体浮力和对流。气体的密度与温度有关，随温度升高，样品周围的气体密度发生变化，从而气体的浮力也发生变化。所以，尽管样品本身没有质量变化，但由于温度的改变造成气体浮力的变化，使得样品呈现随温度升高而质量增加，这种现象称为表观增重。常温

下，试样周围的气体受热变轻形成向上的热气流，作用在热天平上，引起试样的表观质量损失。为了减少气体浮力和对流的影响，可以选择在真空条件下测定试样，或选用卧式结构的热重仪进行测定。

② 坩埚。坩埚的大小与试样量有关，直接影响试样的热传导和热扩散；坩埚的形状则影响试样的挥发速率。因此，通常选用轻巧、浅底的坩埚，可使试样在埚底摊成均匀的薄层，有利于热传导、热扩散和挥发。此外，坩埚的材质也是重要的影响因素之一，通常应该选择对试样、中间产物、最终产物和气氛没有反应活性和催化活性的惰性材料，如 Pt、Al_2O_3 等。

③ 挥发物冷凝。样品受热分解、升华、逸出的挥发性物质，往往会在仪器的低温部分冷凝。这不仅污染仪器，而且使测定结果出现偏差。若挥发物冷凝在样品支架上，则影响更严重，随温度升高，冷凝物可能再次挥发产生假失重，使 TG 曲线变形。为减少挥发物冷凝的影响，可在坩埚周围安装耐热屏蔽套管；采用水平结构的天平；在天平灵敏度范围内，尽量减少样品用量；选择合适的净化气体流量。实验前，对样品的分解情况有初步估计，防止对仪器的污染。

2. 实验条件因素

包括升温速率和气氛的影响。

① 升温速率。升温速率对热重曲线影响较大，升温速率越大，产生的影响就越大。因为样品受热升温是通过介质-坩埚-样品进行热传递的，在炉子和样品坩埚之间可形成温差。升温速率不同，炉子和样品坩埚间的温差就不同，导致测量误差。一般在升温速率为 5℃/min 和 10℃/min 时产生的影响较小。升温速率对样品的分解温度有影响。升温速率快，造成热滞后大，分解起始温度和终止温度都相应升高。升温速率不同，可导致热重曲线的形状改变。升温速率大，往往不利于中间产物的检出，使热重曲线的拐点不明显。升温速率小，可以显示热重曲线的全过程。一般来说，升温速率为 5℃/min 和 10℃/min 时，对热重曲线的影响不太明显。升温速率可影响热重曲线的形状和试样的分解温度，但不影响失重量。慢速升温可以研究样品的分解过程，但不能武断地认为快速升温总是有害的，要看具体的实验条件和目的。当样品量很小时，快速升温能检查出分解过程中形成的中间产物，而慢速升温则不能达到此目的。

② 气氛。气氛对热重实验结果也有影响，它可以影响反应性质、方向、速率和反应温度，也能影响热重称量的结果。气体流速越大，表观增重越大。所以对样品做热重分析时，需注明气氛条件。热重实验可在动态或静态气氛条件下进行。所谓静态是指气体稳定不流动，动态就是气体以稳定流速流动。在静态气氛中，产物的分压对 TG 曲线有明显的影响，使反应向高温移动；而在动态气氛中，产物的分压影响较小。因此，我们测试中都使用动态气氛，气体流量为 20mL/min。气氛有惰性气氛、氧化性气氛、还原性气氛，还有其他气氛，如 CO_2、Cl_2、F_2 等。

3. 样品因素

包括样品量和样品粒度、形状的影响。

① 样品量。样品量多少对热传导、热扩散、挥发物逸出都有影响。样品用量多时，热效应和温度梯度都大，对热传导和气体逸出不利，导致温度偏差。样品量越大，这种偏差越大。所以，样品用量应在热天平灵敏度允许的范围内尽量减少，以得到良好的检测效果。而

在实际热重分析中，样品量只需要约 3mg。

② 样品粒度、形状。样品粒度及形状同样对热传导和气体的扩散有影响。粒度不同，会引起气体产物扩散的变化，导致反应速率和热重曲线形状的改变。粒度越小，反应速率越快，热重曲线上的起始分解温度和终止分解温度降低，反应区间变窄，而且分解反应进行得完全。所以，粒度在热重法中是个不可忽略的因素。

TGA 曲线的形状与试样分解反应的动力学有关，因此反应级数 n、活化能 E、Arrhenius 公式中的频率因子等动力学参数，都可以从 TGA 曲线中求得，而这些参数在说明聚合物的降解机理，评价聚合物的热稳定性方面都是很有用的。

图 6-12 为典型 TGA 热谱图，以试样的质量 W 对温度 T 的曲线或者是试样的质量变化速度 （dW/dt） 对温度 T 的曲线来表示，后者称为微分曲线 （DTG 曲线）。开始阶段试样有少量的质量损失 （$W_0 - W_1$），这是聚合物中溶剂的解吸所致，如果发生在 100℃ 附近，则可能是失水所致。试样大量地分解是从 T_1 开始的，质量的减少是 $W_1 - W_2$，在 $T_2 \sim T_3$ 阶段存在着其他的稳定相，然后再进一步分解。图中，T_1 称为分解温度，有时取 C 点的切线与 AB 延长线相交处的温度 T_1' 作为分解温度，后者数值偏高。

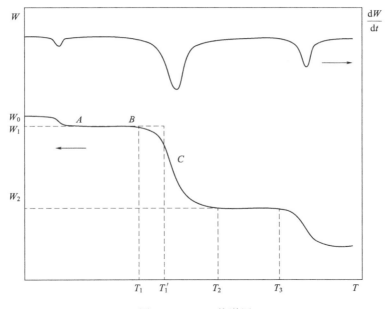

图 6-12　TGA 热谱图

现代热重分析仪一般由 4 部分组成，分别是电子天平 （热天平）、加热炉、程序控温系统和数据处理系统 （微计算机）。根据试样盘和炉子的位置以及试样支持器 （梁） 的位置，热天平可以分为下皿式、上皿式和水平式三种。试样支持器位于天平之上，试样盘从热天平上口进入的热天平称为上皿式；试样支持器位于天平之下，试样盘从热天平下方进入的热天平称为下皿式；试样支持器平行于天平，试样盘从与热天平平行方向进入的热天平称为水平式，如图 6-13 所示。

本实验所用的热重分析仪是美国 TA Instruments-Waters 公司的 Q600 SDT，它属于水平式热天平。Q600 SDT 是一台执行 TGA 和 DSC 的同步热分析仪，温度范围从室温到 1500℃。它采用了高可靠性的水平双臂双天平结构，可同时完成精确的 DSC 和 TGA 的测

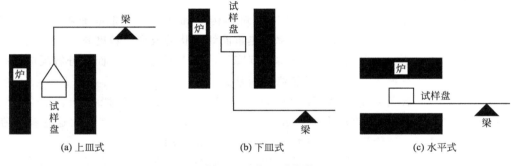

(a) 上皿式　　　　　　(b) 下皿式　　　　　　(c) 水平式

图 6-13　热天平分类

量。由于双臂设计消除了天平臂热膨胀和浮力效应对 TGA 基线的影响，所以能确保出众的重量信号测量。

热重分析仪结构如图 6-14 所示。在加热炉中进行加热的过程中，样品杯装在一个凿孔的不锈钢外罩中，确保了室温到 1500℃ 全温程范围内程控和等温操作精准传递。一对铂/铂铑热电偶嵌入天平臂内，在室温到 1500℃ 温度范围内直接精确测量样品、参比样品的温度及其温度差。水平吹扫气路设计确保了精确控制流量的吹扫气体流过样品和参比盘，防止气体回流，能将分解物质有效地带出样品区，有利于产生更好的基线。

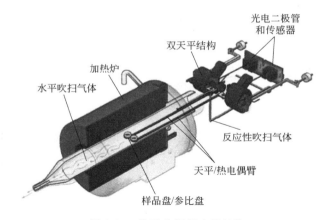

图 6-14　热重分析仪内部结构

三、实验试剂和仪器

1. 主要试剂：聚乙烯、聚苯乙烯、聚氯乙烯、聚甲基丙烯酸甲酯等聚合物样品。

2. 主要仪器：Q600 SDT 型热重分析仪、氧化铝坩埚。

四、实验步骤

1. 准备工作

① 打开氮气，调整压力为 0.1MPa。

② 打开仪器电源（在仪器背面右侧），仪器自检，大约需 2min。

③ 打开电脑，点击桌面上的 TA 仪器控制软件图标。

④ 点击仪器图标。

2. 程序设定

① 点击中间图示中的 Summary。

② 设定 Mode 为 SDT Standard；Test 为 Custom；Sample Name 为待测样品名；Pan Type 为 Alumina。

③ 点击 Date File Name 后面的文件保存图标，选择保存路径。注意：文件名不能是中文及特殊字符。

④ 点击 Procedure。

⑤ 点击 Editor，出现方法编辑器，设定升温速率及终止温度（Ramp 一般为 20℃/min，点击 OK 保存）。

⑥ 点击 Note，选择氮气或空气气源，流速设置为 100mL/min。

⑦ 点击下面的 Apply。

3. 实验过程

① 确认右上角信号栏中的温度显示小于 50℃，然后点 Control 下 Furnace 中的 Open，打开仪器的炉子。将同样的氧化铝坩埚放在天平的热电偶上。接着点 Close 关闭炉子。待炉子完全关闭后，点快捷按钮中的归零图标（Tare）。

② 归零完成后，打开炉子，取下天平样品端坩埚，加入适量待测样品。一般大约 5～10mg，但体积不能超过坩埚的 1/3，然后将坩埚放入天平样品端，关闭炉子。

③ 待炉子完全关闭后，点击绿色启动按钮，实验开始运行。

④ 实验运行完成后，待温度降到 50℃ 以下，打开炉子，取出样品反应物。

4. 关机

① 确认温度小于 50℃，且坩埚内样品已经清除。

② 点击 Control 下面的 Shutdown Instrument，关闭仪器。仪器显示屏提示关机后，关闭仪器背后的电源。

③ 数据处理完毕后关闭电脑。

④ 关闭气体，清理实验台，做好实验登记。

五、数据处理

从 View 菜单中选择 Universal Analysis，进入数据分析处理窗口。

1. 调出数据文件

点 Open，按文件路径选定文件后，点 OK，出现 Data File Information 窗口。Parameter 栏列出了该文件的有关参数（若样品名等输入有误，可在此处修改）。点 Signals，选择所要绘图的 X、Y 轴的 Single 及 Type，如热重曲线、热重的微商曲线、差热曲线、热流曲线等，点 OK 确认并退出。若点 Save-OK，则所选择的 X、Y 轴参数将随文件一起保存。点 Units，可以选择 X、Y 轴信号的单位。以上参数均确定后，点 Data File Information 窗中的 OK，即调出图谱。

2. 改变坐标区间和分析范围

选择 Rescale 菜单，点击 Manual Rescale，输入所需的坐标起始、终止值；点击 Full Scale All，回到最初完整的坐标；点击 Stack Axes，当同一文件有两个以上 Y 坐标时，可将各图谱互不重叠地显示。需局部放大时，可用鼠标在图谱区要放大的部分拉出一个虚框，左击虚框内部，框内图谱即放大。点 Full Scale All，恢复初始图谱。在 Graph 菜单，点击 Signals 选择 X、Y 轴信号；点击 units 选择坐标信号的单位。

3. 数据分析

点击 Analyze 进行有关数据处理（在图谱区的空白处单击鼠标右键也出现 Analyze 菜单）。若同时选择了几个 Y 轴的图谱，点 Y-1，对 Y_1-X 谱图进行处理；点 Y-2，对 Y_2-X 谱图进行处理，以此类推。不同图谱对应不同的分析菜单。

举例：对热重曲线，如选择 step transition，将两个光标分别移到台阶的两个平台的合适位置上，鼠标右键点图谱区的空白处，在快捷菜单中选择 Accept Limits，出现 Transition Label（可输可不输），点 OK，处理结果便标在热重谱图上。若要删除分析结果，可用鼠标右键点要删除的数据，在出现的快捷菜单中选择 Delete Result，即删除这项分析结果。可根据需要自行选择合适的分析方法。

4. 谱图标注

依次选择 Edit-Annotate，输入标注内容，点击 OK，将光标移至所需位置，鼠标右键点击谱图区空白处，在快捷菜单中选择 Accept Limits。

5. 打印谱图

点 Print，打印显示的谱图及处理结果。

6. 谱图叠加

调出要叠加的文件，依次选择 Graph-Overlay-Auto Configure，选择要叠加的 Y 轴信号，点 OK 即显示叠加的谱图。或 Graph-Overlay-Manual Setup，点 Add Curves，确定要叠加的文件及 Y 轴类型。对叠加的谱图，若要移动某一图线，可左击该图线，再按住鼠标左键拖动至合适位置。

7. 数据拷贝

热重曲线的图谱可转化为 ASCII 文件。依次点击 File-Export data File-File Signals Only-ASCII data File-A：-文件名-save。

六、注意事项

1. 样品量增多，反应时间增加，会使热重曲线清晰度变差且向高温方向移动，在热天平的灵敏度范围内选择适宜的样品量。样品量太少则零点漂移造成相对误差偏大。不同样品的样品量多少由试验确定。

2. 样品的颗粒应尽可能小，并且应尽可能增大样品与坩埚底部的接触面积，以获得较为精确的温度。

3. 热天平是十分精密的零部件，因此在取放坩埚时尽量小心，以免破坏天平及热电偶。

七、思考题

1. TGA 实验结果的影响因素有哪些？
2. TGA 在聚合物研究中的主要应用有哪些？

实验 33　红外光谱法测定聚合物的结构

红外光谱是研究有机化合物、高分子化合物结构与性能关系的基本手段之一，具有分析速度快、样品用量少并能分析各种状态的样品等特点。红外光谱对样品的适用性相当广泛，固态、液态或气态样品都能应用，无机、有机、高分子化合物都可检测。红外光谱广泛用于高聚物材料的定性定量分析，如研究高聚物的序列分布、支化程度、聚集态结构、聚合过程反应机理和老化，还可以对高聚物的力学性能进行研究。

一、实验目的

1. 了解红外光谱的基本原理。
2. 掌握红外光谱样品的制备方法和红外光谱仪的使用。
3. 学会红外光谱图的解析。

二、实验原理

1. 红外光与红外吸收

红外光是介于可见光与微波之间的电磁波，物质分子对不同波长的红外光产生吸收而得到的吸收光谱叫作红外光谱。红外光的波长范围为 $0.78 \sim 1000 \mu m$，可分为近红外区、中红外区和远红外区。近红外区的波长范围是 $0.78 \sim 2.5 \mu m (12820 \sim 4000 cm^{-1})$，主要用于研究 O—H、N—H、C—H 键振动的倍频及合频吸收。中红外区的波长范围是 $2.5 \sim 25 \mu m (4000 \sim 400 cm^{-1})$，该区内的吸收主要是由分子振动能级和转动能级跃迁引起的，很多有机、无机化合物都能在这一区间内产生吸收峰。远红外区的波长范围是 $25 \sim 1000 \mu m$（$400 \sim 10 cm^{-1}$），该区内的吸收主要是由分子的转动能级跃迁、晶体的晶格振动、某些重原子化学键的伸缩振动和某些基团的弯曲振动所引起的。

红外光谱在化学领域中主要用于研究分子结构，也能对化合物进行定性、定量分析。根据化合物的红外谱图上的吸收峰的位置、形状、强度和数目可以判断化合物中是否存在某些官能团，以及各基团之间的关系，进而推测出未知物的分子结构。但是，对于复杂分子的结构鉴定，仅仅有红外光谱提供的信息是不够的，还应对其紫外光谱、核磁共振谱、质谱等进行综合解析，并结合其理化数据的分析，才能获得准确可靠的结论。

分子的红外光谱通常是由分子中各基团和化学键的振动能级及转动能级跃迁所引起的，故又叫振转光谱。分子的振动可以用"小球弹簧模型"来模拟，即将分子中的原子看成具有一定质量的小球，而将化学键想象为连接各小球的具有一定强度的弹簧，该体系处于不断振动之中，可以近似地看成无阻尼的周期性的线性振动，即谐振动。

根据胡克（Hooke）定律，可以推导出双原子分子或基团的伸缩振动频率 ν、化学键的力常数 K 与二原子的质量之间的关系

$$\nu = \frac{1}{2\pi} \sqrt{K/\mu} \, (\text{Hz}) \tag{6-35}$$

或者

$$\bar{\nu} = \frac{1}{2\pi c} \sqrt{K/\mu} \, (\text{cm}^{-1}) \tag{6-36}$$

式中，ν 为振动频率，Hz；K 为化学键的力常数，化学键越强，力常数越大，N/cm；$\bar{\nu}$ 为振动的波数，它为波长 λ（cm）的倒数，与频率成正比，故可表示频率的大小，cm^{-1}；c 为光速；μ 为二原子的折合质量，若二原子的质量分别为 $m_A g$ 和 $m_B g$，则

$$\mu = m_A m_B / (m_A + m_B)(g) \tag{6-37}$$

若用二原子的原子量 M_A、M_B 来表示折合质量，并取光速 $c = 3.0 \times 10^{10} \, cm/s$，则式（6-36）可简化为：

$$\bar{\nu} = 1302 \sqrt{K \left| \frac{M_A M_B}{M_A + M_B} \right.} \, (cm^{-1}) \tag{6-38}$$

分子振动能级是量子化的，振动能级差的大小与分子的结构密切相关。分子振动只能吸收能量等于其振动能级差的频率的光。当分子吸收一定频率的红外光后，从振动能级基态跃迁至第一激发态时，产生的吸收峰叫作基频峰，它所对应的振动频率等于它所吸收的红外光的频率。从振动能级基态跃迁至第二激发态、第三激发态等，所产生的吸收峰，分别称为二倍频峰、三倍频峰等，也可将它们统称为倍频峰。倍频峰的跃迁概率比基频低得多，故基频峰的强度比倍频峰大得多。在倍频蜂中，三倍频以上的峰都很弱，因而难以测出。此外，红外光谱中还会产生合频峰或差频峰，它们分别对应两个或多个基频之和或之差。合频峰、差频峰都叫组频峰，其强度也很弱，一般不易辨认。倍频峰、合频峰和差频峰统称为泛频峰。红外光谱图就是用波长连续变化的红外光照射样品，得到百分透光度（T,%）或吸光度（A）对入射光波长 λ（μm）或波数 $\bar{\nu}$（cm^{-1}）的关系曲线。通常，纵坐标用 T（%）或 A 表示，横坐标用 λ（μm）或 $\bar{\nu}$（cm^{-1}）表示，见图 6-15。

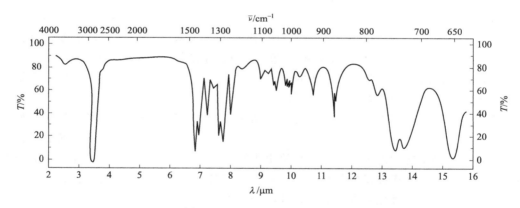

图 6-15　正丁基氯的红外光谱

红外光谱中往往有多个吸收峰，通常每一个主要的吸收峰都对应一种基本振动的形式，都有特征振动频率。多原子分子的基本振动有两大类型，即伸缩振动（stretching vibration）和弯曲振动（bending vibration），前者用 ν 表示，后者用 δ 表示。伸缩振动是指成键原子沿键轴方向伸缩，使键长发生周期性变化的振动，其键角保持不变。基团环境改变对伸缩振动频率影响较小。当分子中原子数 $\geqslant 3$ 时，其伸缩振动还可以分为对称伸缩振动（ν_s）和不对称伸缩振动（ν_{as}）两种。前者表示在振动时各键同时伸长或缩短；后者表示在振动时，某些键伸长的同时，另一些键缩短。通常 ν_{as} 的频率高于 ν_s 的频率。弯曲振动又叫变形振动或变角振动，在振动时，基团的键角发生周期性的变化，而其键长保持不变。由于其力常数比伸缩振动小，故其对应的吸收峰通常出现在低频端。弯曲振动对基团环境的变化较为敏感，

它可能隐含着一些相邻基团间的结构信息。弯曲振动又可分为面内弯曲振动和面外弯曲振动两种形式，而面内弯曲振动又分为剪式振动（δ_s）和面内摇摆（ρ）两类；面外弯曲振动又分为面外摇摆（ω）和扭曲振动（τ）两类。亚甲基（—CH$_2$）的各种振动形式如图 6-16 所示。

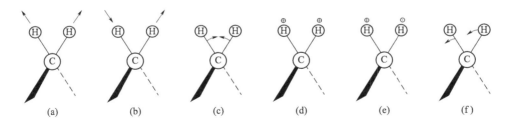

(a)　　　　(b)　　　　(c)　　　　(d)　　　　(e)　　　　(f)

图 6-16　亚甲基的各种振动形式

（a）对称伸缩振动：ν_s；（b）不对称伸缩振动：ν_{as}；（c）面内剪式振动：δ_s；

（d）面外摇摆振动：ω；（e）面外扭曲振动：τ；（f）面内摇摆振动：ρ

注：⊕表示垂直于纸面向下运动；⊙表示垂直于纸面向上运动

多原子分子中含有的各种基团或化学键可能产生多种基本振动形式，每一种基本振动形式都可能产生一个红外吸收峰。然而实际上，红外谱图上的峰数往往少于基本振动数目，其主要原因是：①只有红外活性振动（即能使分子偶极矩变化的振动）才能产生红外吸收峰，而红外非活性振动并不产生红外吸收峰；②由于分子结构对称等原因，某些振动的频率完全相同，它们简并成一个吸收峰；③宽而强的吸收峰往往会掩盖与其频率相近的窄而弱的吸收峰；④吸收频率在仪器频率范围之外的峰不能显示，吸收强度太弱的峰仪器无法测出。

由于红外吸收峰强度比紫外-可见吸收峰弱得多，所以一般不直接用摩尔吸光系数（ε）来表示其强度的大小，而是近似地将其强度分为五个等级：很强峰（vs），$\varepsilon > 200$；强峰（s），$\varepsilon = 75 \sim 200$；中强峰（m），$\varepsilon = 25 \sim 75$；弱峰（w），$\varepsilon = 5 \sim 25$；很弱峰（vw），$\varepsilon < 5$。

红外吸收峰的强度主要由其振动能级的跃迁概率来决定，而振动能级跃迁概率与振动时分子偶极矩变化的大小有关。只有偶极矩发生变化的振动形式，才能吸收与其振动频率相同的红外光的能量，产生相应的吸收峰。这种能产生偶极矩变化的振动叫红外活性振动，偶极矩变化越大，吸收峰就越强。若在振动过程中，分子偶极矩不发生变化，这种振动叫红外非活性振动，它不能产生红外吸收峰。

分子振动时偶极矩变化的大小主要由以下几个因素决定。

① 组成分子的原子的电负性差。键连原子电负性相差越大，振动时偶极矩变化就越大，则伸缩振动所引起的吸收峰就越强。例如，$\nu_{O-H} > \nu_{C-H} > \nu_{C-C}$。

② 振动形式。同一基团的不同的振动形式会对分子的电荷分布状况产生不同的影响，使分子产生不同的偶极矩变化，从而产生不同强度的吸收峰。

③ 分子的对称性。结构完全对称的分子，若振动过程中其偶极矩始终为零，就不会产生吸收峰。例如 CS$_2$（S＝C＝S）为结构对称的分子，其固有偶极矩为零，它的对称伸缩振动不能使分子偶极矩发生变化，因此不会产生吸收峰；而它的不对称伸缩振动要引起分子偶极矩的较大变化，故会产生一强吸收峰。

④ 氢键的形成。当分子形成氢键后，电负性原子与氢原子之间的共价键被拉长，偶极矩增大，吸收峰强度增大，且谱带变宽。

此外，还有一些影响峰强的因素，比如样品浓度的大小，分子中某种振动单元数量的多少，振动的偶合，分子中偶极矩大的基团对邻近基团的影响等，都会引起吸收峰强度的改变。

在红外光谱中，不同化合物中的同一官能团所产生的吸收峰，并不总是固定在某一频率上，而是在一定的频率范围内波动。例如 $\nu_{C=O}$ 一般在 $1640\sim1900\text{cm}^{-1}$ 左右，ν_{N-H} 在 $3200\sim3500\text{cm}^{-1}$ 左右等。这是因为分子中的各个基团的振动总是要受到邻近基团以及整个分子的其他部分的影响。同时，样品的物理状态和测定光谱时的条件也要影响分子的振动频率。总的来说，分子内部和分子外部这两类因素都会影响红外吸收峰的位置。分子内部因素包括诱导效应、共轭效应、场效应、空间位阻效应、氢键效应、振动耦合效应等；分子外部因素主要指样品的物理状态、溶剂效应、仪器条件等。

有机化合物的红外光谱中通常有许多吸收峰，这些峰的位置（波数）、强度和形状与有机化合物的分子结构密切相关。为了解析谱图的方便，人们常常根据各吸收带的特征，将中红外区（$4000\sim400\text{cm}^{-1}$）分为不同的区段。例如，将波数 $4000\sim1333\text{cm}^{-1}$ 的区段称为特征谱带区，其中主要有 O—H、N—H、C—H、C=C、C≡N、C=O 等的伸缩振动吸收峰，这些能用于官能团鉴定的吸收峰都称为特征峰，其位置、形状和强度受分子其他结构影响较小，数目不多，基团特性明显，易于辨认；将波数 $1333\sim650\text{cm}^{-1}$ 的区段叫作指纹区，该区段内谱带密集、复杂，犹如人的指纹，主要为 C—O、C—N、C—C 伸缩振动和各种弯曲振动，以及它们之间相互耦合所产生的吸收峰，其中某些吸收峰的基团特性较差，但对分子结构的差异性较敏感，故能够提供反映整个分子结构特点的信息。在实际的图谱解析中，常常将红外光谱进一步细分为几个重要的区段，如表 6-2 所示。

表 6-2　红外光谱中常见区段与对应的振动类型

波数/cm⁻¹	键的振动类型
3650~2500	O—H、N—H(伸缩振动)
3300~3000	双键、三键、芳环上 C—H(伸缩振动)
3000~2700	饱和碳上 C—H(伸缩振动)
2275~2100	C≡C、C≡N(伸缩振动)
1870~1650	醛、酮、羧酸、酸酐、酯、酰胺 C=O(伸缩振动)
1690~1590	C=C、C=N(伸缩振动)
1475~1300	饱和碳 C—H(面内弯曲振动)
1000~670	双键、芳环上 C—H(面外弯曲振动)

2. 红外光谱仪及实验技术简介

① 色散型红外光谱仪。色散型双光束红外光谱仪的结构示意如图 6-17 所示。它主要由光源、单色器、吸收池（参比池和样品池）、检测器、放大记录系统五部分组成。由光源发射出的光经过两个凹面镜反射成两束强度相等的光，分别通过样品池和参比池。通过参比池的光束经衰减器（光楔）后与通过样品的光束会合于切光器上，切光器为半圆形或两个直角扇形的可旋转的反射镜，由同步电机驱动旋转，可使参比光束和样品光束交替地通过入射狭缝进入单色器。在单色器中，连续的辐射光被光栅（或棱镜）色散后，经准直镜按波长顺序依次送出出射狭缝，两束光再交替地到达检测器。如果样品对某一波长的红外光无吸收，两

束光强度相等，检测器上没有信号输出。当样品对某一波长的红外光产生吸收时，样品光束被减弱，两束光强度不等，检测器上有信号产生，此信号经放大后驱动同步电机带动衰减器插入参比光路，使参比光束强度减弱至与样品光束相等。在记录系统中，记录笔与衰减器同步，当衰减器移动时，记录笔同时绘下样品吸收信号的强度变化。记录笔和光栅同步运动，光栅的转动使不同波长的红外光依次从单色器中射出到达检测器。于是可得到以 $T(\%)$ 或 A 为纵坐标，以波长或波数为横坐标的样品吸收所产生的红外谱图。

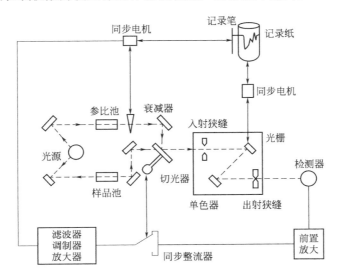

图 6-17　色散型双光束红外光谱仪结构示意图

红外光谱仪的光源主要有能斯特灯和硅碳棒。能斯特灯是由氧化锆、氧化钍、氧化钇混合烧结成的空心短棒，两端绕有铂丝电极，在室温下它是非导体，但加热至 700℃ 以上后转变为导体，同时发出高强度的红外光。它需要预热装置，机械强度较差，寿命不太长。硅碳棒为两端粗中间细的实心棒，其中间为发光部位。它在室温下是导体，不需要预热，它的寿命长，发光面积大，机械强度高，但工作时电极接触部分需要用水冷却。单色器的色散元件是光栅或棱镜。此外，单色器中有狭缝、反射镜、凹面镜等部件。红外检测器可分为热检测器和光检测器两类。前者包括真空热电偶、高莱池、热释电检测器等，后者通常由锑化铟、砷化铟、硒化铅、汞镉碲等光敏材料做成，如汞镉碲检测器等。光检测器的灵敏度比热检测器高得多，但需用液氮冷却以降低噪声。放大记录系统由电子放大器、同步电机、记录仪等组成，一般较新型的仪器均配置有计算机，以控制仪器操作、处理数据、检索谱图等。

② 傅里叶变换红外光谱仪。傅里叶变换红外（Fourier Transform Infrared，FTIR）光谱仪是 20 世纪 70 年代发展起来的红外光谱仪。它没有单色器，主要由光源、迈克尔逊（Michelson）干涉仪、检测器和计算机等组成。在色散型红外光谱仪中，光源发出的光照射样品后，经过单色器变成按波长顺序排列的单色光，由检测器检测，再放大，记录，便得到样品的红外光谱。在如图 6-18 所示的 FTIR 中，光源发射出的红外光经迈克尔逊干涉仪变成干涉光，再让干涉光照射样品，从检测器可获得样品的干涉图，然后由计算机对干涉图进行快速傅里叶变换，进而获得透光度（或吸光度）随波长（或波数）变化的红外光谱。

与一般的色散型仪器相比，FTIR 有许多突出的优点。由于它无分光系统，所以光学部件简单得多。它用干涉仪调制了的干涉光进行测量，可一次取得全波段的光谱信息。其扫描

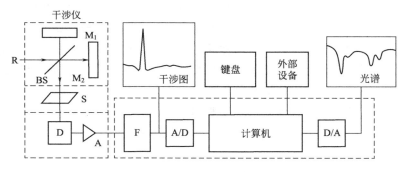

图 6-18　色散型双光束红外光谱仪结构示意图

R—红外光源；M₁—定镜；M₂—动镜；BS—分束器；S—试样；D—检测器；

A—放大器；F—滤光器；A/D—模数转换器；D/A—数模转换器

速度极快，甚至在 $1/60s$ 内即能完成全波段扫描，故可采用多次快速扫描来增大信噪比，提高分析灵敏度。而色散型仪器完成一次扫描需要数分钟时间。FTIR 的测量波段宽，只要换用不同的分束器、光源和检测器，就能测量 $45000\sim6cm^{-1}$（即从近紫外到远红外）的整个光谱区间。而色散型仪器波数范围最多 $4000\sim400cm^{-1}$，要扩展测量波段非常困难。FTIR 的干涉仪中的动镜位置由 He-Ne 激光器准确定位，故能在整个光谱范围内提供 $0.01cm^{-1}$ 的测量精度。而棱镜式和光栅式色散型红外光谱仪仅能在 $1000cm^{-1}$ 处提供 $3cm^{-1}$ 和 $0.2cm^{-1}$ 的测量精度，在其他位置的分辨率可能会更低。FTIR 光束全部通过样品，光通量大，检测灵敏度高。而色散型红外光谱仪为了获得高分辨率就需要用光栅限制光束，从而使光通量降低，检测灵敏度下降。FTIR 使用调制音频测量方式，杂散光或仪器热辐射均不影响检测。而色散型红外光谱仪容易由杂散光或仪器热辐射造成虚假吸收。由于 FTIR 获取的是数字化的谱图，因此它的计算机可以非常方便地按照应用程序快速而正确地对这些谱图进行算术或逻辑运算，从而使 FTIR 具有了一些新的用途，如加谱、差谱及乘谱等。根据吸光度的加和性原理，用吸光度表示的混合物的红外光谱应等于其中各组分的红外光谱的加和。因此，通过计算机的加谱程序，可以将两个或两个以上的红外光谱相加，形成一张新的谱图。相加时可对原谱按权重相加，也可以分别乘以不同的系数相加。若对两种不同样品的光谱相加，可以得到二者的无分子间作用力的混合物的光谱。因此，如果可以忽略组分之间的相互作用，则采用加谱法能模拟出定量标准曲线，从而大大减少了药品的用量和化学操作的时间。如果对同一样品的两个谱图运用加谱程序，则可提高该样品谱图的信噪比和质量。差谱有两种处理方法，即透光度相除法或吸光度相减法，一般采用后一种方法。根据吸光度的加和性原理，如果测得待测组分与干扰组分混合物的光谱，以及干扰组分纯物质的光谱，就可以运用差谱程序，将谱图相减，从而得到扣除了干扰组分的待测组分的光谱。由于干扰组分纯物质与混合物中的干扰组分的浓度或厚度可能不同，因此需要将干扰组分纯物质的谱图先乘以一个比例系数——差减因子（FCR），然后再与混合物谱图相减。利用差谱技术，可以扣除样品中的溶剂、基体等对谱图的影响，也可以直接从混合物谱图上分离出某些组分的吸收，从而推断出混合物的组成。对于多组分混合物的谱图进行逐级差减，可以逐一减去各个组分，这叫作光谱剥离，它在一定程度上可以取代复杂的化学分离工作。差谱技术在混合物分析和混合物研究中有很重要的意义，它已广泛地应用于材料科学、生物学、化学、医药等许多领域中。根据朗伯-比耳定律，任何一个红外光谱乘以 m，所得的乘谱的吸光度值与浓度间的关系不变，即 $A=abc$，$mA=ab(mc)$。乘谱可以使谱图的纵坐标强度发生变化，但由于信号与噪声强度的变化倍数相同，故不能提高信噪比，而只能起到改变样品浓度的作用。乘谱通常用于定量分析。此外，差谱中也要运用乘谱程序。由于有这些优点，FTIR 在红外光谱分析中的应用范围越来越广泛，已有逐渐取代色散型红外光谱分析的趋势。

3. 红外光谱实验技术简介

① 试样的制备。欲获得高质量的红外光谱图，首先必须制备出合格的试样。制备试样时应注意其纯度、含水量、浓度、厚度等问题。试样应为单一组分的纯物质，若不纯，则应采用分离提纯的方法进行预处理，比如用色谱法、萃取法、沉淀法、精密蒸馏法、重结晶法、区域熔融法等。一般试样应尽量干燥，不能含游离水。水分的存在会在整个波段内产生强烈的水吸收带，掩盖试样的吸收峰，即使是微量水分，也会对红外谱图产生明显的影响。同时，水分也会溶蚀吸收池的卤化物窗片。试样浓度和厚度要选择适当，以控制谱图中吸收峰的强度，大多数吸收峰的透光度在 15%～70% 范围内。浓度或厚度过大，强吸收峰超过标尺刻度而形成无法定位的平顶区；过小，则弱吸收峰消失。因此，有时分别试用不同浓度或厚度的样品进行测定，以获得完整的谱图。

不同物理状态的试样，有不同的测量方法。

a. 气体试样。可直接将气样导入已抽成真空的气体吸收池内测定。该池的主体是一个两端有红外透光材料（NaCl 或 KBr）窗片的玻璃筒，光程为 10cm，若要稀释气样，可加入一定压力的红外非活性的惰性气体，如 N_2、Ar 等。当气样浓度很低时，应使用长光程气体池，有时甚至需要数十米长的光程，通常用池内的反射镜对红外光进行多次反射来实现。

b. 液体试样。沸点较高的液体试样，可直接滴在两块 KBr 窗片之间形成液膜后测定（液膜法）。沸点较低、挥发性较强的液体试样，可注入封闭的吸收池内测定。吸收池厚度一般为 0.01～1mm，由红外透明窗片（如 NaCl 晶体）和垫片等组成。对于一些吸收很强的液体，也可用溶剂稀释后测定。某些固体或气体也可以溶液的形式测定。通常要求溶剂不浸蚀窗片、易溶解样品、在某一光谱区域内不产生较强的干扰吸收等。没有一种溶剂在中红外区是完全透明的，因此，有时为了解试样在中红外区的吸收全貌，可选用不同溶剂，分段测定。

c. 固体试样。压片法是最常用的方法，即取试样约 0.5～2mg，在玛瑙研钵中研细，再加入 100～200mg 干燥的 KBr 粉末，充分研磨混匀，然后放入专用模具中抽气加压，制成透明的薄圆片，放入仪器的样品架上即可测定。测定固体试样的另一方法是石蜡糊法，即将试样粉末与液体石蜡（为精制后的长链饱和烷烃）混合成糊，压在两窗片间进行测定，液体石蜡吸收峰比较简单，易于与某些化合物的吸收区别。还可用六氯丁二烯或氟化煤油等无 C—H 吸收干扰的溶剂调糊。

对于热熔性高分子聚合物等物质，可采用薄膜法，即将试样加热熔融后涂制成膜或压制成膜。还可将试样溶解后，倒于玻璃板上，挥发除去溶剂后而制得薄膜。制成的薄膜可直接测定。

对于那些不易溶解、不易磨碎的高分子聚合物，如橡胶、热固性塑料等，可以采用热解法。即将 0.1～1g 试样放入倾斜放置的试管内，在本生灯或酒精灯上迅速地间断加热，直到有足够的热解产物凝聚在试管壁上，立即将热解的产物转移至 KBr 晶片上进行测定。热解法所测得的红外光谱多数与原聚合物光谱相似或有一定的关系，因此可以推断出原始样品的组成，如果用已知聚合物的热解光谱进行直接比较，可以大大简化解析步骤。

② 红外光谱仪波数的校正。吸收峰的波数是红外结构分析的重要依据，因此要求仪器的波数准确，重现性好。红外光谱仪的波数校正通常是测定标准物质的红外光谱，将仪器测定值与文献值相比较来进行的。可通过测量 HCl 气体的吸收峰来校正 $3100\sim2700cm^{-1}$ 的波数，测量 NH_3 气体的吸收峰来校正 $1200\sim800cm^{-1}$ 的波数。采用聚苯乙烯薄膜校正波数，简单方便，效果很好。

③ 水溶液红外光谱的测定。水是世界上最丰富的溶剂，水溶液与各种生命过程和人类的生存活动息息相关。许多化合物易溶于水而难溶于有机溶剂，它们的性质、用途都与水溶液密不可分；很多生物样品只有在水中或含有大量水的条件下，才具有生理活性；一些医药的生理作用机理探讨、某些仿生材料的应用研究等，通常需要在水介质中进行。然而由于KBr、NaCl等常用的红外窗口材料极易溶于水，且水自身在中红外区有很强的吸收带，也可能会干扰溶质吸收峰的鉴定，因此水溶液红外光谱的测定有一定的难度。水溶液的红外光谱测定需要特殊的吸收池，其材料必须防水且具有较高的红外透光率。这些材料有 CaF_2、AgCl、ZnS（Irtran-2）、TlBr-TlI（KRS-5）等，它们的纯度要求高，加工难度大，价格较贵。要消除溶剂水的干扰，可采用双光路补偿法或者衰减全反射技术（ATR）。运用 FTIR 差谱技术亦可将水的吸收峰减去，从而得到溶质的红外光谱。

三、实验试剂和仪器

1. 主要试剂：聚苯乙烯、聚异丁烯、涤纶、尼龙、无水乙醇、KBr。
2. 主要仪器：傅里叶变换红外光谱仪（Nicolet iS10）、压片机。

四、实验步骤

1. 制样

溶液制膜：将聚合物样品溶于适当的溶剂中，然后均匀地浇涂在溴化钾片或洁净的载玻片上，待溶剂挥发后，形成的薄膜可以用手或刀片剥离后进行测试。若在溴化钾或氯化钠晶片上成膜，则不必揭下薄膜，可以直接测试。成膜在玻璃片上的样品若不易剥离，可连同玻璃片一起浸入蒸馏水中，待水把膜润湿后，就容易剥离了，样品薄膜需要彻底干燥方可进行测试。

热压薄膜法：将样品放入压模中加热软化，液压成片，如果是交联及含无机填料较多的聚合物，可以用裂解法制样，将样品置于丙酮：氯仿为 1:1 混合的溶液中抽提 8h，放入试管中裂解，取出试管壁液珠涂片。

溴化钾压片法：适用于不溶或脆性树脂，如橡胶或粉末状样品。取 $0.5\sim2mg$ 的样品和 $100\sim200mg$ 干燥的溴化钾晶体，于玛瑙研钵中研磨成混合均匀的细粉末，装入模具内，在压片机上压制成片测试。如遇对压片有特殊要求的样品，可用氯化钾晶体替代溴化钾晶体进行压片。

2. 放置样片

打开红外光谱的电源，待其稳定后（30min），把制备好的样品放入样品架，然后放入仪器样品室的固定位置。

3. 测试

① 打开光谱仪主机开关。

② 双击 OMNIC 图标。

③ 点击主菜单上的 Collect，从下拉菜单中选择 Experiment Setup 进行参数设置。

④ 将压制好的空白 KBr 压片放入光谱仪样品仓内的样品架上，点击样品采集。在出现的对话框中输入文件名，确认采集背景光谱。

⑤ 背景光谱采集完毕后，将空白片取出，放入样品片，点击 OK 确认采集样品光谱，得到扣除背景的样品的红外透射光谱图。

⑥ 软件可按要求对谱图进行各种分析处理，并点击主菜单上的 File 菜单，从下拉菜单中选择 Print（打印），将图谱以不同形式打印出报告。

五、数据处理

红外光谱图上的吸收峰位置（波数或波长）取决于分子振动的频率，吸收峰的高低（同一特征频率相比）取决于样品中所含基团的多少，而吸收峰的个数则和振动形式的种类、多少有关。根据测得的红外谱图对各吸收峰进行分析，确定各峰的归属并进行标定。

六、注意事项

1. 确保样品的纯度与干燥度。

2. 在制备样品的时候要迅速，以防止其吸收过多的水分，影响实验结果。

3. 溴化钾压片的过程中，粉末要在研钵中充分磨细，且于压片机上制得的透明薄片厚度要适当。

七、思考题

1. 傅里叶变换红外光谱仪有哪些特点？

2. 红外光谱法对试样有什么要求？

3. 红外光谱实验中为什么选用 KBr 作为介质？

实验 34 结晶高聚物的 X 射线衍射分析

自 X 射线被发现以来，可利用 X 射线分辨的物质系统越来越复杂。从简单物质系统到复杂的生物大分子，X 射线已经为我们提供了许多关于物质结构的信息。X 射线衍射在研究聚合物晶体结构中的应用主要有以下几个方面：结晶度测定、微晶尺寸和点阵畸变测定、取向情况测定等。

一、实验目的

1. 掌握 X 射线衍射分析的基本原理。
2. 学习 X 射线衍射仪的操作与使用。
3. 对多晶聚丙烯进行 X 射线衍射测定。

二、实验原理

1. X 射线衍射基本原理及 X 射线衍射仪

波在传播过程中经过障碍物边缘或孔隙时所发生的传播方向弯曲现象称为衍射。孔隙或障碍物大小小于或接近波长，衍射现象最显著。1912 年劳厄（M. von Laue）提出了 X 射线是电磁波的假设，并且他用实验也进行了进一步的证明。他使用 X 射线照射单晶材料，发现在底边上形成了一系列排列规整的衍射斑点，这个现象即证明了 X 射线本质是电磁波，也发现它具有波粒二象性。并且通过这个实验，他也发现，晶体是由一些原子或者分子整齐排列组成的。由于晶体结构具有空间排列的规律性，可被看作三维立体光栅。X 射线投射到晶体中时，会受到晶体中原子的散射，而散射波就好像是从原子中心发出，每一个原子中心发出的散射波又好比一个源球面波。由于原子在晶体中是周期排列，这些散射球面波之间存在着固定的位相关系，它们之间会在空间产生干涉，结果导致在某些散射方向的球面波相互加强，而在某些方向上相互抵消，从而出现衍射现象，即在偏离原入射线方向上，只有在特定的方向上出现散射线加强而存在衍射斑点，其余方向则无衍射斑点。

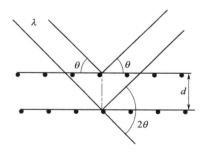

图 6-19 布拉格方程示意图

1912 年，布拉格（Bragg）父子通过 X 射线衍射实验推导出著名的布拉格方程，即

$$2d\sin\theta = n\lambda \tag{6-39}$$

式中，n 为整数；d 为晶面间距；λ 为入射 X 射线波长；θ 为布拉格角或掠射角，又称半衍射角，实验中所测得的 2θ 角则称为衍射角（图 6-19）。X 射线衍射（X-ray diffraction，

XRD）分析的依据即晶体对 X 射线的衍射（是结构分析的依据）。X 射线衍射分析特征性是对于特定的单色激发源和特定的晶体，其衍射峰对应的 2θ 角为晶体 d 值的特征。

X 射线衍射仪是按照晶体对 X 射线衍射的几何原理设计制造的衍射实验仪器。在测试过程，由 X 射线管发射出的 X 射线照射到试样上产生衍射现象，用辐射探测器接收衍射线的 X 射线光子，经测量电路放大处理后在显示或记录装置上给出精确的衍射线位置、强度和线形等衍射信息。这些衍射信息作为各种实际应用问题的原始数据。

1912 年布拉格（W. H. Bragg）最先使用了电离室探测 X 射线衍射信息，此即最原始的 X 射线衍射仪。近代 X 射线衍射仪是 1943 年在弗里德曼（H. Fridman）的设计基础上制造的。20 世纪 50 年代 X 射线衍射仪得到了普及应用。随着科学技术的迅速发展，现代电子学、集成电路、电子计算机和工业电视等先进技术进一步与 X 射线衍射技术结合，使 X 射线衍射仪向强光源、高稳定、高分辨、多功能、全自动的联合组机方向发展，可以自动地给出大多数衍射实验工作的结果。X 射线衍射技术发展到今天，已经成为最基本、最重要的一种结构测试手段，其应用主要有：物相分析、结晶度测定、晶粒大小测定、宏观应力测定等。

X 射线衍射仪的基本组成包括四大部分：X 射线发生器、衍射测角仪、X 射线探测器、测量电路以及控制操作和运行软件的电子计算机控制系统。图 6-20 绘出的是 X 射线衍射仪基本结构图。

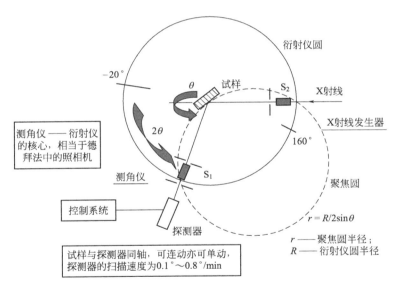

图 6-20 X 射线衍射仪构成示意图

在衍射仪上配备各种不同功能的测角仪或硬附件，并与相应的控制和计算软件配合，便可执行各种特殊功能的衍射实验。例如：四圆单晶衍射仪、微区衍射测角仪、小角散射测角仪、织构测角仪、应力分析测角仪、薄膜衍射附件、高温衍射和低温衍射附件等。

2. X 射线衍射实验方法

X 射线衍射实验方法包括样品制备、测量方式和实验参数选择及样品测试。

① 样品制备。在衍射仪法中，样品制作上的差异对衍射结果所产生的影响，要比照相法中大得多。因此，制备出符合要求的样品是衍射仪实验技术中重要的一环，通常制成平板

状样品。衍射仪均附有表面平整光滑的玻璃的或铝质的样品板，板上开有窗孔或不穿透的凹槽，样品放入其中进行测定。对于粉晶样品，将被测试试样在玛瑙研钵中研成 $10\mu m$ 左右的细粉，将适量研磨好的细粉填入凹槽，并用平整的玻璃板将其压紧，将槽外或高出板面的多余粉末刮去，重新将样品压平，使样品表面与样品板面平整光滑。若是使用带有窗孔的样品板，则把样板放在一表面平整光滑的玻璃板上，将粉末填入窗孔，捣实压紧即成。在样品测试时，应使贴玻璃板的一面对着入射 X 射线。对于一些不易研成粉末的样品，可先将其锯成窗孔大小，磨平一面、再用橡皮泥或石蜡将其固定在窗孔内。对于片状、纤维状或薄膜样品也可取窗孔大小直接嵌固在窗孔内。但固定在窗孔内的样品其平整表面必须与样品板平齐，并对着入射 X 射线。

② 测量方式和实验参数选择。选择适用的 X 射线波长（选靶）是实验成功的基础。实验采用哪种靶的 X 射线管，要根据被测样品的元素组成。选靶时避免使用能被样品强烈吸收的波长，否则将使样品激发出强的荧光辐射，增大衍射图的背景。根据元素吸收性质的规律，有以下选靶规则：X 射线管靶材的原子序数要比样品中最轻元素（钙及比钙更轻的元素除外）的原子序数小或相等，最多不宜大于1。

狭缝的大小对衍射强度和分辨率都有影响。大狭缝可得到较大的衍射强度，但降低分辨率，小狭缝提高分辨率但损失强度，一般如需要提高强度时宜选大些的狭缝，需要高分辨率时宜选用小些的狭缝，尤其是接收狭缝对分辨率影响更大。每台衍射仪都配有各种狭缝以供选用。其中，发散狭缝是为了限制光束不要照射到样品以外地方，以免引起大量的附加的散射或线条；接收狭缝是为了限制待测角度附近区域上的 X 射线进入检测器，它的宽度对衍射仪的分辨力、线的强度以及峰高/背底起着重要作用；防散射狭缝是光路中的辅助狭缝，它能限制由于不同原因产生的附加散射进入检测器。

衍射仪测量方式有连续扫描和步进扫描法。不论是哪一种测量方式，快速扫描的情况下都能相当迅速地给出全部衍射花样，它适合于物质的预检，特别适用于对物质进行鉴定或定性估计。对衍射花样局部做非常慢的扫描，适合于精细区分衍射花样的细节和进行定量的测量。例如混合物相的定量分析，精确的晶面间距测定，晶粒尺寸和点阵畸变的研究等。

此外，靶材、滤片及管流、管压都要适当选择。值得指出的是，要想得到一张显示物质精细变化的高质量衍射图，应根据不同的分析目的而使各种参数适当配合。

3. 结晶聚合物分析

在结晶聚合物体系中，结晶和非结晶两种结构对 X 射线衍射的贡献不同。结晶部分的衍射只发生在特定的 θ 角方向上，衍射光有很高的强度，出现很窄的衍射峰，其峰位置由晶面距 d 决定，非晶部分会在全部角度内散射。把衍射峰分解为结晶和非结晶两部分，结晶峰面积与总面积之比就是结晶度 f_c。

$$f_c = \frac{I_c}{I_0} = \frac{I_c}{I_c + I_a} \tag{6-40}$$

式中，I_c 为结晶衍射的积分强度；I_a 为非晶散射的积分强度；I_0 为总面积。

很难得到足够大的聚合物单晶，多数为多晶体，晶胞的对称性又不高，得到的衍射峰都有比较大的宽度，又与非晶态的弥散图混在一起，因此测定晶胞参数不是很容易，高聚物结晶的晶粒较小，当晶粒小于 $10nm$ 时，晶体的 X 射线衍射峰就开始弥散变宽，随着晶粒变小，衍射线愈来愈宽，晶粒大小和衍射线宽度间的关系可由谢乐（Scherrer）方程计算：

$$L_{hkl} = \frac{K\lambda}{\beta_{hkl} \cos \theta_{hkl}} \tag{6-41}$$

式中，L_{hkl} 为晶粒垂直于晶面 hkl 方向的平均尺寸，即晶粒度，nm；β_{hkl} 为该晶面衍射峰的半峰高的宽度，rad；K 为常数（0.89～1），其值取决于结晶形状，通常取 1；θ 为衍射角，（°）。

根据上式，即可由衍射数据算出晶粒大小。不同的退火条件及结晶条件对晶粒消长有影响。

三、实验试剂和仪器

1. 主要试剂：无定形和等规聚丙烯。
2. 主要仪器：X 射线衍射仪（BDX3200 型）。

四、实验步骤

1. 样品制备

① 将无定形聚丙烯用乙醚溶解，过滤除去不溶物，析出、干燥、除尽溶剂。

② 将等规聚丙烯在 240℃ 热压成 1～2mm 厚的试片，在冰水中急冷。

③ 取②的样品在 160℃ 油浴中恒温 30min。

④ 取②的样品在 105℃ 油浴中恒温 30min。

⑤ 将等规聚丙烯在 240℃ 热压成 1～2mm 厚，恒温 30min 后，以 10℃/h 的速率冷却。

2. 衍射仪操作

① 开机前的准备和检查。将准备好的试样插入衍射仪样品架，盖上顶盖，关闭好防护罩。开启水龙头，使冷却水流通。检查 X 光管电源，打开稳压电源。

② 开机操作。开启衍射仪总电源，启动循环水泵。待准备灯亮后，接通 X 光管电源。缓慢升高电压、电流至需要值（若为新 X 光管或停机再用，需预先在低管压、管流下"老化"后再用）。设置适当的衍射条件。打开记录仪和 X 光管窗口，使计数管在设定条件下扫描。

③ 停机操作。测量完毕，关闭 X 光管窗口和记录仪电源。利用快慢旋转使测角仪计数管恢复至初始状态。缓慢顺序降低管电流、电压至最小值，关闭 X 光管电源，取出试样。20min 后关闭循环水泵，关闭水龙头。关闭衍射仪总电源、稳压电源及线路总电源。

④ 衍射仪控制及衍射数据采集分析系统。BDX 系列的 X 射线衍射仪其运行控制以及衍射数据的采集分析通过一个配有"BDXD X 射线衍射分析操作系统"的计算机系统以在线方式来完成。BDX 的计算机系统是一个多处理器系统。它以个人计算机为主机，通过一个串口控制前级控制机。前级机根据主机的命令或操作者直接从前级机的小键盘输入的命令去执行操作衍射仪的各种功能程序。BDX 分析操作系统由两大基本功能块组成。

衍射仪操作系统主要是用来控制衍射仪的运行，完成粉末衍射数据的采集，实时地进行分析处理。主要功能包括：衍射峰测量；重叠扫描；定时计数；定数计时；测角仪转动；测角仪步进、步退；校读。

衍射图谱分析系统主要功能包括：图谱处理；寻峰；求面积、重心、积分宽；减背景；谱图对比（多个衍射图的叠合显示与图谱加减）；平滑处理；$2\theta\text{-}d$ 之间相互换算。

五、数据处理

本实验要求测量两个不同结晶条件的等规聚丙烯样品和一个无规聚丙烯样品的衍射谱，对谱图做如下处理。

① 结晶度计算。对于 α 晶型的等规聚丙烯，近似地把（110）与（040）两峰间的最低点的强度值作为非晶散射的最高值，由此分离出非晶散射部分，因而，实验曲线下的总面积就相当于总的衍射强度 I_0。此总面积减去非晶散射下面的面积（I_a）就相当于结晶衍射的强度（I_c），就可求得结晶度 χ_c。

② 晶粒度计算。由衍射谱读出 $[hkl]$ 晶面的衍射峰的半高宽 β_{hkl} 及峰位 θ，计算出核晶面方向的晶粒度。讨论不同结晶条件对结晶度、晶粒大小的影响。

六、注意事项

1. X 射线衍射仪开机前必须先开启循环冷却水，关机后必须等待 20min 以上才能关闭循环冷却水，否则仪器将报警。

2. 开门、关门动作应轻缓，以免震动过大导致 X 射线自动关闭。

七、思考题

1. X 射线衍射分析有哪些特点和应用？
2. 影响聚合物结晶程度的主要因素有哪些？

实验 35　扫描电子显微镜观察聚合物形态

显微镜可以直接观察到物质的微观结构，是研究聚合物形态的重要工具。扫描电子显微镜是一种观察材料表面微观形貌和分析元素及其含量的大型仪器。它不仅在表面、断口和颗粒的形貌观察，成分分析和晶体结构研究的各个科学技术领域得到广泛的应用，也在高分子科学、高分子材料科学和高分子工业中成了必备的分析研究手段和重要的原料与产品的检验工具。它可以研究高分子多相体系的微观相分离结构，聚合物树脂粉料的颗粒形态，泡沫聚合物的孔径与微孔分布，填充剂和增强材料在聚合物基体中的分布情况与结合状况，高分子材料的表面、界面和断口，黏合剂的黏结效果，以及聚合物涂料的成膜特性等。

一、实验目的

1. 了解扫描电镜的工作原理和仪器结构。
2. 掌握扫描电镜的基本操作。
3. 掌握扫描电镜样品的制备方法。

二、实验原理

显微镜根据原理可以分为光学显微镜和电子显微镜。光学显微镜的最大分辨率为 2000Å，极限放大倍数为 1500 倍，可以用来观察聚合物内部较大尺寸的结构，如球晶结构等。更精细结构的测定就必须借助于电子显微镜。电子显微镜常用的有透射式电子显微镜（transmission electron microscope，TEM）和扫描式电子显微镜（scanning electron microscope，SEM）。电子显微镜与光学显微镜构造和成像原理如图 6-21 所示。

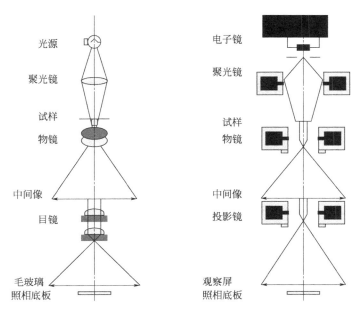

图 6-21　光学显微镜与电子显微镜构造和成像原理比较图

透射式电镜的结构同光学显微镜相似，也是由光源、物镜和投影镜三部分组成的，只是电镜的光源是用电子枪产生的电子束。电子束经聚光镜集束后，照射在样品上，透过样品的电子经物镜、中间镜和投影镜最后在荧光观察屏上成像（图 6-21）。电子显微镜中所用的透镜都是电磁透镜，它是通过电磁现象使电子束聚焦的。因此只要改变透镜线圈的电流，就可以使电镜的放大倍数连续变化。投射电镜的分辨率与电子枪阳极的加速电压有关，加速电压越高，电子波的波长就越短，分辨率就越高。例如，普通 50kV 电镜的分辨率为 10Å 左右。

透射电镜用的样品制备比较麻烦，对聚合物的研究来说，有两类试样：如以观察多相结构为目的，采用超薄切片；如系观察单晶、球晶或表面形貌，常常须将样品作复型处理。制备超薄切片需应用专门的超薄切片机，厚度不超过 1000Å，通常使用 200～500Å。试样过厚，因电子穿透能力弱，或多层次上的图像交叠而不能观察。在观察超薄切片的两相结构时，只有当处于不同相内的聚合物对于电子的散射能力有明显差异时才能形成图像，但通常这种差异不大。这就要对试样进行染色。对于含有聚双烯烃的多相聚合的体系，可用 OsO_4 溶液染色，双键因与 OsO_4 的结合而获得很高的散射能力。对于不含这类双键的聚合物，染色技术仍属难题。另外，高能量电子束轰击样品表面时，被辐射部分的温度会急剧升高，甚至使聚合物结构发生变化。这可通过冷却样品台，缩短观察时间，提高加速电压予以改善。但不少情况下，需对聚合物试样进行复型，再对复型膜进行观察。常用重金属 Cd 或 Pt 投影喷镀复型膜来增加反差。

扫描式电子显微镜是 20 世纪 30 年代中期发展起来的一种新型电镜，是一种多功能的电子显微镜分析仪器，能接收和分析电子与样品相互作用后产生的大部分信息，如被散射电子、二次电子、透射电子、衍射电子、特征 X 射线、俄歇电子、阴极发光等。因此，不但可以用于物理形貌的观察，而且可以进行微区成分分析，在科研和工业各个领域得到了广泛的应用。

与透射电镜相比，扫描电镜样品制备方便是突出的优点。扫描电镜对样品的厚度无苛刻要求。导体样品一般不需要任何处理就可以进行观察。聚合物的样品在电子束作用下，特别是进行高倍数观察时，也可能出现熔融或分解现象。在这种情况下，也需要进行样品复型。但由于对复型膜厚度无要求，其制作过程也就简单多了。

扫描电镜的上述优点，使其在聚合物形态研究中的应用越来越广泛。目前主要用于研究聚合物自由表面和断面结果。例如观察聚合物的粒度、表面和断面的形貌与结构，增强高分子材料中填料在聚合物中的分布、形状及黏结情况等。

电子显微镜都是采用电子束作为产生被测信息的激发源，当一束聚焦的高速电子沿一定方向轰击样品时，电子与固体物质中的原子核和核外电子发生相互作用，产生弹性或非弹性散射等一系列物理效应，如背散射电子、二次电子、吸收电子、透射电子、X 射线、俄歇电子、阴极荧光及电子-空穴对等，如图 6-22 所示。

入射电子中与试样表层原子碰撞发生弹性和非弹性散射后从试样表面反射回来的那部分一次电子统称为背散射电子。背散射电子的发射深度为 10nm～1μm。进入样品表面的部分一次电子能使样品原子发生单电子激发，并将其轰击出来。那些被轰击出来的电子称为二次电子。背散射电子在穿出试样表面时，也会激发出一些二次电子。二次电子的能量较低，为 0～50eV，大部分为 2～3eV，其发射深度一般不跑过 5～10nm。正因为如此，试样深处激发的二次电子没有足够的能量逸出表面。二次电子的发射与试样表面的形貌及物理、化学性质有关，所以二次电子像能显示出试样表面丰富的细微结构。随着入射电子在试样中发生非弹性散射次数的增多，其能量不断下降，最后为样品所吸收。如果通过一个高电阻和高灵敏

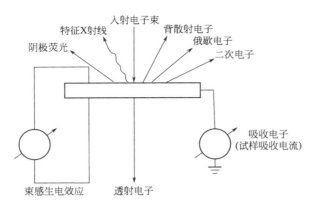

图 6-22　高能电子束与固体样品的相互作用

度的电流表把样品接地，在电流表上可检测到样品对地的电流信号，这就是吸收电子的信号。吸收电流经过适当放大后也可成像，形成吸收电流像。当试样薄至 10nm 数量级时，便会有相当数量的入射电子穿透试样。透射电子像的衬度能够反映试样不同部位的组成、厚度和晶体取向方面的差异。部分入射电子将试样原子中内层 K、L 或 M 层上的电子激发后，其外层电子就会补充到这些剩下的空位上去。这时它们的多余能量便以 X 射线形式释放出来。每一元素的核外电子轨道的能级是特定的，因此所产生的 X 射线波长也有特征值。这些 K、L、M 系 X 射线的波长一经测定，就可用来确定发出这种 X 射线的元素。测定了这种 X 射线的强度就可确定该元素的含量。俄歇电子是电子束照射下从试样极表面（几个原子厚度）发出的具有特征能量的二次电子，对 H、He 以外的轻元素分析最为有效。

　　扫描电子显微镜利用上述二次电子、背散射电子和特征 X 射线等与样品表面微观形貌或者成分有关的信号物质，采用相应的探测器依次接收，经信号放大处理系统（视频放大器）输入显像管的控制栅极上调制显像管的亮度。由于显像管的偏转线圈和镜筒中的扫描线圈的扫描电流由同一扫描发生器严格控制同步，所以在显像管的屏幕上就可以得到与样品表面形貌相应的图像。

　　扫描电镜的结构主要包括电子光学系统、扫描系统、信号检测放大系统、图像显示和记录系统、电源和真空系统等。其结构如图 6-23 所示。电子光学系统通常称为镜筒，由电子枪、二级或三级缩小电磁透镜及光阑、合轴线圈、消像散器等辅助装置组成。它们的作用是提供一束直径足够小、亮度足够高的扫描电子束。扫描系统的作用是驱使电子束以不同的速度和不同的方式在试样表面扫描，以适应各种观察方式的需要和获得合理的信噪比。目前扫描电镜的最高扫描频率与电视接收频率相同。对于入射电子束和试样作用时产生的各种不同的信号，必须采用相应的信号探测器，把这些信号转换成电信号加以放大，最后在显像管上成像并把它们记录成数码图像。图像显示和记录系统的作用是把已经放大的被检信号显示成相应的图像，并加以记录。

　　扫描电镜的两个重要性能指标是放大倍数和分辨率。

　　在透射电镜中图像的放大是通过多级透镜逐步放大的方式实现的。扫描电镜则不然，它的图像扫描范围是固定的，图像的放大量靠缩小电子束在试样表面上的扫描范围来实现。这就要求镜筒中的电子束在试样表面上的扫描与阴极射线管中的电子束在荧光屏上的扫描保持精确的同步。由于数码摄像后打印出来的图像尺寸与显像管的荧光屏尺寸并不一样大，在计

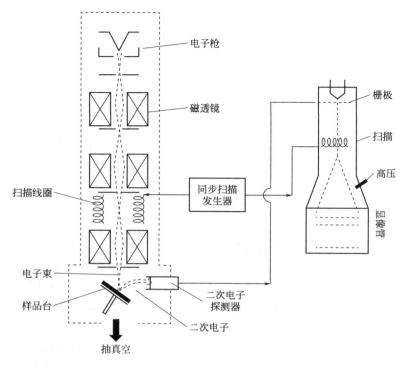

图 6-23　扫描电镜结构图

算放大倍数时比较麻烦，所以在记录下来的数码图像上都附加有一个标尺，用来标定图像中的细节尺寸。

　　分辨率用能够清楚地分辨的两个点或两个细节间的最小距离来衡量。电子显微镜的分辨率，一方面取决于电子的波长，即取决于电镜所采用的加速电压；另一方面取决于电镜中的球差系数。扫描电镜应用的主要电子信息为二次电子，它的分辨率较高，一般可达 5～10μm 左右。

三、实验试剂和仪器

　　1. 主要试剂：聚苯乙烯、聚丙烯。
　　2. 主要仪器：扫描电子显微镜（KYKY-2800B 型）、离子溅射仪。

四、实验步骤

1. 样品制备

　　试样在真空中能保持稳定，含有水分的试样应先烘干除去水分。表面受到污染的试样，要在不破坏试样表面结构的前提下进行适当清洗，然后烘干。有些试样的表面、断口需要进行适当的侵蚀，才能暴露某些结构细节，则在侵蚀后应将表面或断口清洗干净，然后烘干。为防止产生荷电现象及热损伤，对非导电材料必须进行表面镀导电层处理。常用的镀导电层方法有真空喷涂和离子溅射。本实验采用的是离子溅射镀金膜。块状或片状的聚合物样品可直接用导电胶固定在样品座上。粉状样品可用如下方法固定：取一块 5mm 见方的胶水纸，胶面朝上，再剪两条细的胶水纸把它固定在样品座上。取粉末样品少许均匀地撒在胶水纸上。在胶水纸周围涂以少许导电胶。待导电胶干燥后，将样品座放在离子溅射仪中进行表面镀金，表面镀金的样品即可置于电镜内进行观察。

2. 开机

① 打开扩散泵冷却水阀门。检查冷却水管有无漏水，若有漏水紧急关闭水阀！

② 合机械泵电源开关，机械泵启动。

③ 插上空压机电源插头，空压机运行。

④ 插上扫描电镜主机电源插头，插上扫描电镜计算机电源插头。合上扫描电镜电源开关。

⑤ 打开变压器开关（向上扳动，灯亮），打开扫描电镜控制柜后面开关（向上扳动）。

⑥ 按亮扫描电镜主机前面板电源按钮（vacuum power），接着按亮扫描电镜主机前面板准备按钮（standby）。此时会看到控制柜面板真空度指示指针不断向右移动，主机前面板 V2 灯亮，过片刻扩散泵灯亮。

⑦ 按亮控制柜面板右上角计算机开关按钮，计算机启动。计算机桌面图标全部出现后，双击 KYKY-2800B 图标，启动 SEM 控制程序。点击鼠标右键出现程序控制画面（标题为主控制台）。点击"活动区域"，出现选区框，调整框的大小约 $10cm \times 10cm$ 见方。

3. 装样品和更换样品

待系统真空达到要求、准备阶段结束后，可以观察样品。向样品室装样品或更换样品步骤如下：

① 检查电子枪灯丝电流是否降到零，若没有降到零，反时针旋动灯丝电流旋钮到底。检查电子枪高压是否降到零，若没有降到零，按加速电压按钮降到零。

② 检查 V1 是否关严，若未关严，关 V1，主机前面板 V1 灯灭。

③ 按亮样品室进气按钮（chamber vent），此时 V3 灯灭，V4 灯灭，V5 灯灭，V2 灯亮，扩散泵灯亮，V6 灯亮。有向样品室进气声，样品室盖自动打开。

④ 用手托住样品室盖子，慢慢拉出样品架，待样品台露出为止。用钟表螺丝刀松开样品台固定螺钉，将旧样品取出，将要观察的样品台插入样品台支座，用钟表螺丝刀拧紧样品台固定螺钉。

⑤ 用手指轻轻在样品室盖子橡胶密封圈上搽一圈，然后用手托住样品室盖子，慢慢推入样品架，使样品室盖子紧贴样品室。

⑥ 按灭样品室进气按钮（chamber vent）。开始自动抽真空。待 V3 灯灭，V2 灯亮，V4 灯亮，V5 灯亮，扩散泵灯亮。真空指示屏亮线指示到最右边，系统真空达到要求，可以进入观察样品阶段。

4. 观察样品

① 首先拉开在镜筒侧面的 V1。这时主机前面板 V1 灯亮。

② 按控制柜前面板的对比度按钮（cont），按钮指示灯亮，此时在放大倍数显示屏上显示的是对比度值。调节聚焦手动旋钮（manual adjustment），使对比度值在 160 左右。

③ 按控制柜前面板的亮度按钮（BRT），按钮指示灯亮，此时在放大倍数显示屏上显示的是亮度值。调节聚焦手动旋钮，使亮度在 -15 左右。

④ 按加速电压按钮（acceleration potential），使电压达到 25kV，然后慢慢旋动灯丝电流旋钮（filament），使灯丝电流达到饱和。此时应该在屏幕上的活动选区看到图像。

⑤ 改变放大倍数，观察图像，慢慢调节聚焦手动旋钮，使图像达到最清晰。当达到所要求放大倍数时，通过调节样品室盖子上的位移旋动钮（X、Y、Z 及旋转），移动样品，找到所要观察的特征部位。按上述方法调整聚焦。

⑥ 调节好聚焦后，点击计算机屏幕上的"主控制台"的常规扫描，屏幕出现整个图像，若图像符合要求，点击"主控制台"的模拟键，开始记录图像，同时屏幕左边会出现一变化中的蓝色粗线条，当蓝色线条一直伸长到底，图像采集完毕。

⑦ 点击"主控制台"的主窗口键，出现控制程序主窗口。点击"主控制台"的快照键，在控制程序主窗口出现图像。点击控制程序主窗口文件下拉菜单，找到保存或另存为菜单，将图像存到选定的文件夹即可。

⑧ 若暂不继续采集图像，将灯丝电流降到零，将加速电压降到零，将放大倍数放在1000 倍左右。

5. 关机

① 将灯丝电流降到零，将加速电压降到零。

② 将镜筒侧面的 V1 向里推到底，会听到"咔"的一声。此时 V1 灯灭。

③ 将主机前面板准备灯按亮，此时除 V2 和扩散泵加热灯亮外，其余阀门指示灯灭。

④ 将主机后面手动和自动开关（men/auto）扳到手动（men），只有 V2 灯亮。

⑤ 等待 15～20min 后，按灭主机前面板准备灯，随即按灭主机前面板真空电源灯。将主机后面手动和自动开关（men/auto）扳到自动（auto），将机械泵电源开关关闭。将空压机插头拔掉，将控制柜后面开关关掉，将变压器开关关掉，最后关主机总电源开关。

⑥ 关冷却水阀门。

五、数据处理

用相关软件处理所得图像，分析聚合物样品的形貌特征。

六、注意事项

1. 仪器参数的调节不到位容易造成图像不清晰。
2. 样品导电性不好影响图像的质量。

七、思考题

1. 扫描电镜在分析聚合物形态方面有哪些优点？
2. 为什么扫描电镜可以利用二次电子信号反映试样微区形貌特征？

实验 36　偏光显微镜法观察聚合物的结晶形态

　　用偏光显微镜研究有机物的结晶形态是目前实验室中较为简便而实用的方法。对于聚合物来说，随着结晶条件的不用，聚合物的结晶可以具有不同的形态，如单晶、树枝晶、球晶、纤维晶及伸直链晶体等。在从浓溶液中析出或熔体冷却结晶时，聚合物倾向于生成这种比单晶复杂的多晶聚集体，通常呈球形，故称为"球晶"。球晶可以长得很大。对于几微米以上的球晶，用普通的偏光显微镜就可以进行观察；对小于几微米的球晶，则用电子显微镜或小角激光光散射法进行研究。聚合物制品的实际使用性能（如光学透明性、冲击强度等）与材料内部的结晶形态、晶粒大小及完善程度有着密切的联系，因此，对聚合物结晶形态等的研究具有重要的理论和实际意义。

一、实验目的

1. 了解偏光显微镜的结构、原理及使用方法。
2. 掌握聚合物结晶的制备方法。
3. 观察聚丙烯的结晶形态，估算聚丙烯球晶大小。

二、实验原理

　　光的传播方向和振动方向所组成的平面叫振动面，自然光的振动面时刻在改变。偏振光是电矢量相对于传播方向以一固定方式振动的光。反射、折射、双折射和选择性吸收等过程都可以使自然光转变为偏振光。由光源发出的自然光经过起偏器变为偏振光后，照射到聚合物晶体样品上，由于晶体的双折射效应，这束光被分解为振动方向相互垂直的两束偏振光。这两束光不能完全通过检偏器，只有平行于检偏器振动方向的分量才能通过。

　　如图 6-24 所示，自然光经过第一偏振片后，变成偏振光，如果第二偏振片的偏振轴与第一偏振片平行，则偏振光能继续透过第二偏振片；如果将其中任意一片偏振片的偏振轴旋转 90°，使它们的偏振轴相互垂直，这样的组合便变成光的不透明体，这时两偏振片处于正交。光线通过某一物质时，如光的性质和进路不因照射方向而改变，这种物质在光学上就具有"各向同性"，又称单折射体、均质体，如普通气体、液体以及非结晶性固体；若光线通过另一物质时，光的速度、折射率等性质因入射方向而有不同，这种物质在光学上则具有"各向异性"，又称双折射体或非均质体，如非等轴晶系晶体、纤维等。当光入射于各向同性

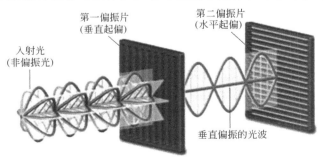

图 6-24　自然光与偏振光

的材料时，无论入射光以任何角度入射，将以一个恒定的折射角进行折射，在透过晶体时按一个恒定的速度传播，也不会产生偏振。当光入射于各向异性晶体时，折射率及光线在晶体中的传播速度会随着入射光相对于晶轴的夹角变化而变化。各向异性晶体，例如石英、方解石及电气石等，具有明显的光轴。当光线沿各向异性晶体的光轴入射时，其结果与各向同性晶体一样。当光线从另一不同的轴线入射时将会被分离成两束光，这两束光的偏振方向相互垂直并以不同的速度进行传播，这种现象称为双折射。光波在各向异性介质中传播时，其传播速度随振动方向不同而发生变化，其折射率值也因振动方向不同而改变，除特殊的光轴方向外，都要发生双折射，分解成振动方向互相垂直、传播速度不同、折射率不等的两条偏振光。两条偏振光折射率之差叫作双折射率。光轴方向，即光波沿此方向射入时不发生双折射。

晶体和各向同性的介质，如玻璃和水等在光学传播过程中最显著的不同是存在双折射的现象。如上所述，双折射就是晶体中传播的光，在两个相互垂直的方向上偏振而且具有不同的传播速度，这种光的传播特性，是由晶体在光学上的各向异性造成的。晶体的光学各向异性，就其根源而言，是由组成晶体的原子、离子或分子及其基团的各向异性的特性以及它们结合成晶体时的方式（即晶体结构类型）造成的，按照对称性类型的不同，以光学性质晶体可分两类：第一类是一轴晶，具有一个光轴，如四方晶系、三方晶系、六方晶系；第二类是二轴晶，具有两个光轴，如斜方晶系、单斜晶系、三斜晶系。二轴晶的对称性比一轴晶低得多，故亦可称为低级晶系。聚合物由于化学结构比低分子链长，对称性低，大多数属于二轴晶系。一种聚合物的晶体结构通常属于一种以上的晶系，在一定条件可相互转换，如聚乙烯晶体一般为正交晶系，如反复拉伸、辊压，发生严重变形，晶胞便变为单斜晶系。等轴晶系晶体为各向同性介质，为均质体。

人们很早就发现，如果在两个偏振器之间放上一块晶体，用单色平行光照明，当晶体厚度有不均匀时，观察屏上会有明暗的光强分布，当把偏振器之一旋转90°，明处变暗，暗处变明。在白光照明下则出现彩色斑纹，如把偏振器之一旋转90°，各颜色又变为它们的互补色。这是晶体双折射引起的偏振光干涉现象，如果用汇聚的光照明，则会出现一些特殊干涉图样，不同类型晶体以及晶片内光轴方位不同，图样也不同，这也是由于晶体双折射引起的干涉现象。上述偏光干涉方法是一种确定物质双折射的非常灵敏的方法，很早就成为矿物学上测定矿物类型的重要手段。各向同性的透明物质，如玻璃和塑料等在外加应力下或热形变也将使其发生光学上的各向异性，观察其正交偏光干涉图样时将很灵敏地反映出来，工程技术制作各种模型应用这种方法来研究零件在受力条件下，内部应力分布状况，为工程设计提供资料，这就是光测弹性力学的方法，在光学晶体生长过程中常常有热残余应力和杂质以及各种缺陷引入局部内应力，这种偏光干涉方法也是很有用的工具。

偏光显微镜（PLM）是一种精密的光学仪器，有一套光学放大系统和两个偏振片，可用来对结晶物质的形态进行观察和测量。

常见偏光显微镜的构造和主要部件如图6-25所示。其基本结构如下。

镜臂：呈弓形，其下端与镜座相连，上部装有镜筒。

反射镜：一个拥有平、凹两面的小圆镜，用于把光反射到显微镜的光学系统中去。当进行低倍研究时，需要的光量不大，可用平面镜；当进行高倍研究时，使用凹镜使光少许聚敛，可以增加视域的亮度。

起偏镜（下偏光镜）：位于反光镜之上。从反光镜反射来的自然光通过下偏光镜后，即

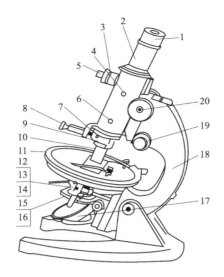

图 6-25　偏光显微镜结构示意图

1—目镜；2—目镜筒；3—勃氏镜手轮；4—勃氏镜左右调节手轮；5—勃氏镜前后调节手轮；
6—检偏镜；7—补偿器；8—物镜定位器；9—物镜座；10—物镜；11—旋转工作台；
12—聚光镜；13—拉索透镜；14—可变光栏；15—起偏镜；16—滤色片；
17—反射镜；18—镜架；19—微调手轮；20—粗调手轮

成为振动方向固定的偏光，通常用 PP 代表下偏光镜的振动方向。下偏光镜可以转动，以便调节其振动方向。

可变光栏：在下偏光镜之上。可以自由开合，用以控制进入视域的光量。

聚光镜：在锁光圈之上。它是一个小凸透镜，可以把下偏光镜透出的偏光聚敛而成锥形偏光。聚光镜可以自由安上或放下。

旋转工作台：一个可以转动的圆形平台。边缘有刻度（0°～360°），附有游标尺，读出的角度可精确至 1/10°。同时配有固定螺钉，用以固定物台。物台中央有圆孔，是光线的通道。物台上有一对弹簧夹，用以夹持光片。

镜筒：长的圆筒形，安装在镜臂上。转动镜臂上的粗动螺钉或微动螺钉可用以调节焦距。镜筒上端装有目镜，下端装有物镜，中间有试板孔、上偏光镜和勃氏镜。

物镜：由 1～5 组复式透镜组成。其下端的透镜称前透镜，上端的透镜称后透镜。前透镜愈小，镜头愈长，其放大倍数愈大。每台显微镜附有 3～7 个不同放大倍数的物镜。每个物镜上刻有放大倍数、数值孔径、机械筒长、盖玻璃厚度等。数值孔径表征了物镜的聚光能力，放大倍数越高的物镜其数值孔径越大，而对于同一放大倍数的物镜，数值孔径越大则分辨率越高。

目镜：由两片平凸透镜组成，目镜中可放置十字丝、目镜方格网或分度尺等。显微镜的总放大倍数为目镜放大倍数与物镜放大倍数的乘积。

检偏镜（上偏光镜）：其构造及作用与下偏光镜相同，但其振动方向与下偏光镜振动方向垂直。上偏光镜可以自由推入或拉出。

勃氏镜：位于目镜与上偏光镜之间，是一个小的凸透镜，根据需要可推入或拉出。

此外，除了以上一些主要部件外，偏光显微镜还有一些其他附件，如用于定量分析的物台微尺、机械台和电动求积仪，用于晶体光性鉴定的石膏试板、云母试板、石英楔补色器等。

利用偏光显微镜的上述部件可以组合成单偏光、正交偏光、锥光等光学分析系统，用来鉴定晶体的光学性质。

球晶的基本结构单元是具有折叠链结构的晶片，厚度在 100Å 左右。许多这样的晶片从一个中心（晶核）向四面八方生长，发展成为一个球状聚集体，电子衍射实验证明了球晶分子链总是垂直于球晶半径方间排列的。聚合物单晶体根据对于偏光镜的相对位置，可呈现出不同程度的明或暗图形，其边界和棱角明晰，当把工作台旋转一周时，会出现四明四暗。在正交偏光显微镜下观察时，在分子链平行于起偏镜或检偏镜的方向上将产生消光现象，球晶呈现出特有的黑十字消光图像，称为 Maltase 十字。黑十字消光图像是高聚物球晶的双折射性质和对称性的反映。黑十字的两臂分别平行于起偏镜和检偏镜的振动方向。转动工作台，这种消光图像不改变，其原因在于球晶是由沿半径排列的微晶所组成，这些微晶均是光的不均匀体，具有双折射现象，对整个球晶来说，是中心对称的。因此，除偏振片的振动方向外，其余部分就出现了因折射而产生的光亮。当聚合物中发生分子链的拉伸取向时，会出现光的干涉现象。在正交偏光镜下多色光会出现彩色的条纹。从条纹的颜色、多少、间距及清晰度等，可以计算出取向程度或材料中应力的大小，这是一般光学应力仪的原理，而在偏光显微镜中，可以观察得更为细致。分子链的取向排列使球晶在光学性质上是各向异性的，即在平行于分子链和垂直于分子链的方向上有不同的折射率。在球晶中由于晶片以径向发射状生长，分子链取向总是与径向相垂直，因此圆中只有四个区域，分子链的取向与起偏器和检偏器的偏振面相平行，正好形成正交的黑十字消光图像。并且当样品在自己的平面内旋转，黑十字保持不动，这意味着所有的径向结构单元在结晶学上是等效的，因此球晶是具有等效径向单元的多晶体。此外，在有的情况下（如聚乙烯），还可看到一系列明暗相间的消光同心圆环，那是由于球晶中的条状晶片周期性地扭转。在多数情况下，偏光显微镜观察到的球晶形态不是球状，而是一些不规则的多边形。这是由于许多球晶以各自的任意位置的晶核为中心，不断向外生长，当增长的球晶和周围相邻球晶相碰时，则形成任意形状的多面体。体系中晶核越少，球晶碰撞的机会越小，球晶长得越大；相反，则球晶长得越小。

三、实验试剂和仪器

1. 主要试剂：等规聚丙烯粒料。
2. 主要仪器：偏光显微镜及附件、电炉、热台、载玻片、盖玻片。

四、实验步骤

1. 样品制备

① 熔融法制备聚合物球晶。把洗干净的载玻片、盖玻片及专用砝码放在恒温熔融炉内在选定温度（一般比熔点高 30℃）下恒温 5min，然后把少许聚合物（几毫克）放在载玻片上，并盖上盖玻片，恒温 10min 使聚合物充分熔融，压上砝码，轻压试样至薄并排去气泡，再恒温 5min，在熔融炉有盖子的情况下自然冷却到室温。有时，为了使球晶长得更完整，可在稍低于熔点的温度恒温一定时间再自然冷却至室温。如制备聚丙烯（PP）和低压聚乙烯（PE）球晶时，分别在 230℃ 和 220℃ 熔融 10min，然后在 150℃ 和 120℃ 保温 30min（炉温比玻璃片的实际温度高约 20℃，实验温度为炉温），在不同恒温温度下所得的球晶形态是

不同的。

② 直接切片制备聚合物试样。在要观察的聚合物试样的指定部分用切片机切取厚度约为 $10\mu m$ 的薄片，放于载玻片上，用盖玻片盖好即可进行观察。为了增加清晰度，消除因切片表面凹凸不平所产生的分散光，可于试样上滴加少量与聚合物折射率相近的液体，如甘油等。

③ 溶液法制备聚合物晶体试样。先把聚合物溶于适当的溶剂中，然后缓慢冷却，吸取几滴溶液，滴在载玻片上，用另一清洁盖玻片盖好，静置于有盖的培养皿中（培养皿放少许溶剂使保持有一定溶剂气氛，防止溶剂挥发过快）让其自行缓慢结晶。或把聚合物溶液注在与其溶剂不相溶的液体表面，让溶剂缓慢挥发后形成膜，然后用玻璃片把薄膜捞起来进行观察，如把聚癸二酸乙二醇酯溶于 $100℃$ 的溴苯中，趁热倒在已预热至 $70℃$ 左右的水上，控制一定的冷却速度冷至室温即可。另一种方法是把聚癸二酸乙二醇酯溶于呋喃甲醇中（$90℃$ 水浴）配成 $0.02g/mL$ 的溶液。将几滴溶液滴在玻璃片上，用盖玻片盖好，静置于有盖的培养皿中，让其自然缓慢结晶。

2. 偏光显微镜调节

① 正交偏光的校正。所谓正交偏光，是指起偏镜的偏振轴与检偏镜的偏振轴呈垂直。将检偏镜推入镜筒，转动起偏镜来调节正交偏光。此时，目镜中无光通过，视区全黑。在正常状态下，视区在最黑的位置时，起偏振镜刻线应对准 $0°$ 位置。

② 调节焦距，使物像清晰可见，步骤如下。将欲观察的薄片置于载物台中心，用夹夹紧。从侧面看着镜头，先旋转微调手轮，使它处于中间位置，再转动粗调手轮将镜筒下降使物镜靠近试样玻璃片，然后在观察试样的同时慢慢上升镜筒，直至看清物体的像，再左右旋动微调手轮使物体的像最清晰。切勿在观察时用粗调手轮调节下降，否则物镜有可能碰到玻璃片硬物而损坏镜头，特别在高倍时，被观察面（样品面）距离物镜只有 $0.2\sim0.5mm$，一不小心就会损坏镜头。

③ 物镜中心调节。偏光显微镜物镜中心与载物台的转轴（中心）应一致，在载物台上放一透明薄片，调节焦距，在薄片上找一小黑点移至目镜十字线中心 O 处，载物台转动 $360°$，如物镜中心与载物台中心一致，不论载物台如何转动，黑点始终保持原位不动；如物镜中心与载物台中心不一致，那么，载物台转动一周，黑点即离开十字线中心，绕一圆圈，然后回到十字线中心，如图 6-26 所示。显然十字线中心代表物镜中心，而圆圈的圆心 S 即为载物台中心。校正的目的就是要使 O 点与 S 点重合。由于载物台的转轴是固定的，所以

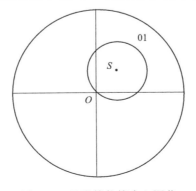

图 6-26　显微镜物镜中心调节

只能调节物镜中心位置，将中心校正螺钉帽套在物镜钉头上，转动螺钉帽来校正，具体步骤如下：

a. 薄片位于载物台，调节焦距，在薄片中任找一黑点，使其位于十字线中心 O 点。

b. 转动载物台 180°黑点移动至 01，距十字线中心较远。01 等于物镜中心与载物台中心 S 之间距离的两倍，转动物镜上的两个螺钉帽，使小黑点自 01 移回 O、01 距离的一半。

c. 用手移动薄片，再找小黑点（也可以是第一次的那个黑点），使其位于十字线中心，转动载物台，小黑点所绕圆圈比第一次小，如此循环，直到转动载物台小黑点在十字线中心不移动。

3. 聚合物聚集态结构的观察

① 观察聚合物晶形，测定聚丙烯球晶大小。聚合物晶体薄片，放在正交偏光显微镜下观察，表面不是光滑的平面，而是有颗粒突起的。这是由于样品中的组成和折射率是不同的，折射率越大，成像的位置越高；折射率越小，成像位置越低。聚合物结晶具有双折射性质，视区有光通过，球晶晶片中的非晶态部分则是光学各向同性，视区全黑。用显微镜目镜分度尺测量晶粒直径（单位为 μm），测定步骤如下：

a. 将带有分度尺的目镜插入镜筒内，将载物台显微尺（1.00mm，为 100 等分）置于载物台上，使视区内同时见到两尺。

b. 调节焦距使两尺平行排列，刻度清楚，使两零点相互重合，即可算出目镜分度尺的值。

c. 取走载物台显微尺，将欲测聚丙烯试样置于载物台视域中心，观察并记录晶形。读出球晶在目镜分度尺上的刻度，即可算出球晶直径大小。

② 观察消光黑十字及干涉色环。双折射的大小依赖于分子的排列和取向，能观察拉伸引起的分子取向对双折射产生的贡献。

a. 把聚光镜（拉索透镜）加上，选用高倍物镜，并推入分析镜、勃氏镜。

b. 把欲测聚丙烯膜置于载物台，观察消光黑十字、干涉色环及一系列消光同心圆环。

c. 将载物台旋转 45°后再观察消光图。

五、数据处理

1. 记录制备试样的条件、观察到的现象。

2. 给出所观察到的球晶形貌图、记录球晶大小。

六、注意事项

1. 偏光显微镜开关电源时，务必先将亮度调节钮调至最小。

2. 偏光显微镜是精密的光学仪器，操作时要十分仔细和小心，不要随意拆卸零件，不可手摸或用硬物擦拭玻璃镜头。

七、思考题

1. 解释球晶黑十字消光图案的原因。

2. 影响球晶生长的主要因素有哪些？

附录

附录 1　常见单体的物理常数

单体	分子量	密度(20℃)/(g/mL)	熔点/℃	沸点/℃	折射率(20℃)
乙烯	28.08	0.384(−10℃)	−169.2	−103.7	1.363(−100℃)
丙烯	42.07	0.5193(−20℃)	−185.4	−47.8	1.3567(−70℃)
异丁烯	56.11	0.5951	−185.4	−6.3	1.3962(−20℃)
丁二烯	54.09	0.6211	−108.9	−4.4	1.429(−25℃)
异戊二烯	68.12	0.6710	−146	34	1.4220
氯乙烯	62.50	0.9918(−15℃)	−153.8	−13.4	1.380
醋酸乙烯酯	86.09	0.9317	−93.2	72.5	1.3959
丙烯酸甲酯	86.09	0.9535	<−70	80	1.3984
丙烯酸乙酯	100.11	0.92	−71	99	1.4034
丙烯酸正丁酯	128.17	0.898		145	1.4185
甲基丙烯酸甲酯	100.12	0.9440	−48	100.5	1.4142
甲基丙烯酸正丁酯	142.20	0.894		160~163	1.423
丙烯酸羟乙酯	116.12	1.10		92(1.6kPa)	1.45
甲基丙烯酸羟乙酯	130.14	1.196		135~137(9.33kPa)	
二甲基丙烯酸乙二醇酯	198.2	1.05			
丙烯腈	53.06	0.8086	−83.8	77.3	1.3911
丙烯酰胺	71.08	1.122(30℃)	84.8	125(3.33kPa)	
苯乙烯	104.15	0.90	−30.6	145	1.5468
2-乙烯基吡啶	105.14	0.975		48~50(1.46kPa)	1.549
4-乙烯基吡啶	105.14	0.976		62~65(3.3kPa)	1.55

单体	分子量	密度(20℃)/(g/mL)	熔点/℃	沸点/℃	折射率(20℃)
顺丁烯二酸酐	98.06	1.48	52.8	200	
乙烯基吡咯烷酮	113.16	1.25			1.53
环氧丙烷	58	0.830		34	
环氧氯丙烷	92.53	1.181	−57.2	116.2	1.4375
四氢呋喃	72.11	0.8818		66	1.407
己内酰胺	113.16	1.02	70	139 (1.67kPa)	1.4784
己二酸	146.14	1.366	153	265 (13.3kPa)	
癸二酸	202.3	1.2705	134.5	185～195 (4kPa)	
邻苯二甲酸酐	148.12	1.527(4℃)	130.8	284.5	
己二胺	116.2		39～40	100 (2.67kPa)	
癸二胺	144.3				
乙二醇	62.07	1.1088	−12.3	197.2	1.4318
双酚 A	228.20	1.195	153.5	250 (1.73kPa)	
甲苯-2,4-二异氰酸酯	174.16	1.22	20～21	251	

附录 2 常用引发剂的重要参数

引发剂	反应温度/℃	溶剂	分解速率常数 K_d/s^{-1}	半衰期 $t_{1/2}/h$	分解活化能 /(kJ/mol)	存储温度 /℃	使用温度 /℃
过氧化苯甲酰	49.4 61.0 74.8 100.0	苯乙烯	5.28×10^{-7} 2.28×10^{-7} 1.83×10^{-6} 4.58×10^{-6}	364.5 74.6 10.5 0.42	124.3	25	60～100
过氧化二月桂酰	50 60 70	苯	2.19×10^{-6} 9.17×10^{-6} 2.86×10^{-5}	88 21 6.7	127.2	25	60～120
过氧化二碳酸二异丙酯	40 54	苯	6.39×10^{-6} 5.0×10^{-6}	30.1 3.85	117.6	−10	
过氧化新戊酸叔丁酯	50 70 85	苯	9.77×10^{-6} 1.24×10^{-4} 7.64×10^{-4}	19.7 1.6 0.25	119.7	0	
过氧化苯甲酸叔丁酯	100 115 130	苯	1.07×10^{-5} 6.22×10^{-5} 3.50×10^{-4}	18 3.1 0.6	145.2	20	

引发剂	反应温度/℃	溶剂	分解速率常数 K_d/s^{-1}	半衰期 $t_{1/2}/h$	分解活化能/(kJ/mol)	存储温度/℃	使用温度/℃
叔丁基过氧化氢	154.5 172.3 182.6	苯	4.29×10^{-6} 1.09×10^{-6} 3.10×10^{-5}	44.8 17.7 6.2	170.7	25	与还原剂一起使用,20~60
异丙苯过氧化氢	125 139 182	甲苯	9.0×10^{-6} 3.0×10^{-6} 6.5×10^{-5}	21 6.4 3.0	101.3	25	
过氧化二异丙苯	115 130 145	苯	1.56×10^{-6} 1.05×10^{-5} 6.86×10^{-4}	12.3 1.8 0.3	170.3	25	120~150
偶氮二异丁腈	70 80 90 100	甲苯	4.0×10^{-5} 1.55×10^{-4} 4.86×10^{-4} 1.60×10^{-4}	4.8 1.2 0.4 0.1	121.3	10	50~90
	69.8 80.2	苯	1.98×10^{-4} 7.1×10^{-4}	0.97 0.27	121.3	0	20~80
过硫酸钾	50 60 70	0.1mol/L KOH	9.1×10^{-7} 3.16×10^{-6} 2.33×10^{-6}	212 61 8.3	140	25	与还原剂一起使用,50

附录3　常用溶剂的物理参数

溶剂	分子量	介电常数(20℃)	沸点/℃	密度(20℃)/(g/mL)	折射率(20℃)	表面张力(20℃)/(10⁻³N/m)	黏度(20℃)/(10⁻³Ps·s)	水中溶解度(20℃)(质量分数)/%
乙酸	60.05	6.15	117.9	1.048	1.3716	27.8	1.3(18℃)	∞
乙腈	41.05	36.0	81.6	0.786	1.3442	29.30	0.345(25℃)	∞
丙酮	58.08	21.45	56.2	0.791	1.3588	23.32	0.358	∞
苯	78.11	2.284	80.1	0.879	1.5011	28.87	0.654	0.07
苯甲醇	108.14	13.5	205.4	1.045	1.5404	39.96	6.5	3.5
正丁醇	74.12	17.4	117.9	0.810	1.3992	24.8	2.8	7.81
丁酸	88.12	2.97	168.5	0.958	1.3980	26.8	1.540	∞
正丁胺	73.14	5.3	77.8	0.741	1.4031	19.7		∞
二硫化碳	76.14	2.65	46.3	1.263	1.6280	26.75	0.363	0.3
四氯化碳	153.82	2.205	76.8	1.549	1.4601	32.25	0.969	0.08
氯乙酸	94.50	20	187.8	1.403	1.4351 (55℃)	35.4 (25.7℃)		易溶
氯苯	112.56	5.59	131.7	1.106	1.5241	33.25	0.801	0.05
氯仿	119.38	4.785	61.2	1.489	1.4458	27.2	0.566	0.815
乙醚	74.12	4.24	34.5	0.714	1.3527	17.1	0.242	6.896

溶剂	分子量	介电常数(20℃)	沸点/℃	密度(20℃)/(g/mL)	折射率(20℃)	表面张力(20℃)/(10⁻³N/m)	黏度(20℃)/(10⁻³Ps·s)	水中溶解度(20℃)(质量分数)/%
N,N-二甲基甲酰胺	73.10	37.6	153.0	0.949	1.4292		0.85	∞
二氯乙烷	99.0	10.45	83.5	1.253	1.4447	32.23	0.84	0.842
环己烷	84.0		81	0.779	1.426			
1,4-丁二醇	90.12	31.1	228	1.017	1.4445		89.1	∞
1,4-二氧六环	88.11	3.25	101.3	1.034	1.4224	33.74	1.37	∞
丙醚	102.18	3.4	90.1	0.749	1.3809	20.53	0.42	0.51
乙醇	46.07	25.00	78.3	0.789	1.3616	22.32	1.194	∞
乙醇胺	61.08	37.7	171.1	1.016	1.4539	48.9	24.1	∞
乙酸乙酯	88.011	6.4	76.8	0.901	1.3724	23.95	0.452	8.7
乙二胺	60.11	12.9	116.5	1.900	1.4568			易溶
乙二醇	62.07	38.66	197.9	1.114	1.4318	46.49	21	∞
甲酸	46.03	58.1	100.7	1.220	1.3714	37.6	1.804	∞
甲酰胺	45.04	111.5	210	1.133	1.4475	58.35	3.764	∞
甘油	92.10	41.14	290	1.261	1.4740	63.4	1.410	∞
正己烷	86.18	1.890	68.74	0.659	1.3749	18.42	0.31	0.014
正己醇	102.18	13.75	157.5	0.820	1.4174	26.55	5.32	0.58
异戊醇	88.15	14.7	132.0	0.809	1.4967	24.32	4.3	2.85
甲醇	32.04	32.35	64.5	0.791	1.3286	22.55	0.5945	∞
甲乙酮	72.11	18.51	79.6	0.805	1.3785	24.50	0.448	27.83
二甲亚砜	78.13	46.7	189	1.104	1.4783			∞
硝基苯	123.11	35.96	210.9	1.203	1.5524	43.35	1.98	0.19
硝基甲烷	61.04	38.2	100.0	1.130	1.3819	36.98	0.66	9.7
1-丙醇	60.10	20.81	97.2	0.804	1.3856	23.70	2.26	∞
2-丙醇	60.10	18.62	82.4	0.7864	1.3771	21.35	2.43	∞
1,3-丙二醇	76.10	35.0	214.7	1.0538	1.4397	45.62		∞
吡啶	79.10	13.3	115.58	0.9832	1.5094	37.25	0.96	∞
硫酸	98.08	101	338	1.84		55.1	25.4	∞
四氢呋喃	72.11	7.35	66	0.8818	1.4070		0.55	∞
甲苯	92.14	2.335	110.62	0.8669	1.4969	28.52	0.587	0.047
三氯乙酸	163.39	4.5	197.55	1.62	1.4603(61℃)	27.8(80.2℃)		易溶
三乙醇胺	149.19		360	1.1242				∞
三氟乙酸	114.02	8.22(17℃)	72.4	1.5351				
水	18.04	80.37	100	0.9970	1.3325	73.05	0.01002	

附录 4 常用加热浴液体的沸点

液体介质	沸点/℃	液体介质	沸点/℃
水	100	甲基萘	242
甲苯	111	一缩二乙二醇	245
正丁醇	118	联苯	255
氯苯	133	二苯基甲烷	265
间二甲苯	139	甲基萘基醚	275
环己酮	156	二缩三乙二醇	282
乙基苯基醚	160	邻苯二甲酸二甲酯	282
对异丙基苯	176	邻羟基联苯	285
邻二氯苯	179	丙三醇	290
苯酚	181	二苯酮	305
十氢化萘	190	对羟基联苯	308
乙二醇	197	六氯苯	310
间甲酚	202	邻联三苯	330
四氢化萘	206	蒽	354
萘	218	邻苯二甲酸二异辛酯	370
正癸醇	231	蒽醌	380

附录 5 常用冷却介质配方和冷却温度

冷却剂配方组成	冷却温度/℃
冰-水混合物	0
冰(100份)-氯化铵(25份)	−15
冰(100份)-硝酸钠(50份)	−18
冰(100份)-氯化钠(33份)	−21
冰(100份)-氯化钠(40份)-氯化铵(20份)	−25
冰(100份)-六水氯化钙(100份)	−29
冰(100份)-氯化铵(13份)-硝酸钠(37.5份)	−30.7
冰(100份)-碳酸钾(33份)	−46
冰(100份)-六水氯化钙(143份)	−55
干冰-乙醇	−70
干冰-丙酮	−76
液氮	−196

附录6　常用干燥介质的性质

干燥剂	酸碱性	与水作用产物	适用物质		不适合物质	使用特点
			气体	液体		
$CaCl_2$	中性	含结晶水	氢、氮、二氧化碳、一氧化碳、二氧化硫、甲烷、乙烯	醚、酯	酮、胺、酚、脂肪酸、乙醇	脱水量大、作用快、效率不高、易分离
Na_2SO_4	中性	含结晶水		普通物质		脱水量大、价格低、效率低、作用慢
$MgSO_4$	中性	含结晶水		普通物质		效率高、作用快
$CaSO_4$	中性	含结晶水		普通物质	乙醇、胺、酯	效率高、作用快
$CuSO_4$	中性	含结晶水		醚、乙醇		效率高、价格贵
K_2CO_3	碱性	含结晶水		碱、卤代物、酯、腈、酮	酸性有机物	效率一般
H_2SO_4	酸性	$H_3O^+HS_4^-$	氢、氯、氮、二氧化碳、一氧化碳、甲烷	卤代烃、饱和烃	碱、酮、乙醇、酚、弱碱性物质	效率高
P_2O_5	酸性	HPO_3、H_2OP_4、$H_4P_2O_7$	氢、氧、氮、二氧化碳、一氧化碳、二氧化硫、甲烷	烃、卤代烃、二硫化碳	碱、酮、易聚物质	脱水效率高
Na	碱性	H_2、$NaOH$		烃类、芳香族	对其敏感物质	效率高、作用慢
CaO 或 BaO	碱性	$Ca(OH)_2$、$Ba(OH)_2$	氨、胺类	烃类、芳香族	对碱敏感物质	效率高、作用慢
KOH 或 $NaOH$	碱性	溶液	氨、胺类	碱		快速有效、限于胺类
CaH_2	碱性	$Ca(OH)_2$、H_2	碱性及中性物质		对碱敏感物质	效率高、作用慢

附录 7　常见聚合物的溶剂和沉淀剂

聚合物	溶剂	沉淀剂
聚丁二烯	脂肪烃,芳烃,卤代烃,四氢呋喃,高级酮和酯	醇,水,丙酮,硝基甲烷
聚乙烯	甲苯,二甲苯,十氢化萘,四氢化萘	醇,丙酮,邻苯二甲酸甲酯
聚丙烯	环己烷,二甲苯,十氢化萘,四氢化萘	醇,丙酮,邻苯二甲酸甲酯
聚异丁烯	烃,氯代烃,四氢呋喃,高级脂肪醇和酸,二硫化碳	低级酮,低级醇,低级酯
聚氯乙烯	脂肪烃,环己酮,四氢呋喃	醇,己烷,氯乙烷,水
聚四氟乙烯	全氟煤油	大多数溶剂
聚丙烯酸	乙醇,二甲基甲酰胺,水,稀碱溶液,二氧六环-水	脂肪烃,芳香烃,丙酮,二氧六环
聚丙烯酸甲酯	丙酮,丁酮,苯,甲苯,四氢呋喃	甲醇,乙醇,水,乙醚
聚丙烯酸乙酯	丙酮,丁酮,苯,甲苯,四氢呋喃,甲醇,丁醇	脂肪醇(C 原子数≥5),环己醇
聚丙烯酸丁酯	丙酮,丁酮,苯,甲苯,四氢呋喃,丁醇	甲醇,乙醇,乙酸乙酯
聚甲基丙烯酸	乙醇,水,稀碱溶液,盐酸	脂肪烃,芳香烃,丙酮,羧酸,酯
聚甲基丙烯酸甲酯	丙酮,丁酮,苯,甲苯,四氢呋喃,氯仿,乙酸乙酯	甲醇,石油醚,己烷,环己烷
聚甲基丙烯酸乙酯	丙酮,丁酮,苯,甲苯,四氢呋喃,乙醇(热)	异丙醚
聚甲基丙烯酸异丁酯	丙酮,乙醚,汽油,四氯化碳,乙醇(热)	甲酸,乙醇(冷)
聚甲基丙烯酸正丁酯	丙酮,丁酮,苯,甲苯,四氢呋喃,己烷,正己烷	甲酸,乙醇(冷)
聚乙酸乙烯酯	丙酮,苯,甲苯,氯仿,四氢呋喃,二氧六环	乙醇,己烷,环己烷
聚乙烯醇	水,乙二醇(热),丙三醇(热)	烃,卤烃,丙酮,丙醇
聚乙烯醇缩甲醛	甲苯,氯仿,苯甲醇,四氢呋喃	脂肪烃,甲醇,乙醇,水

附录 8　常见聚合物的英文名称及缩写

聚合物名称	英文名称	英文缩写
聚烯烃	polyolefin	PO
聚乙烯(低密度)	low density polyethylene	LDPE
聚乙烯(高密度)	high density polyethylene	HDPE
氯化聚乙烯	chlorinated polyethylene	CPE
聚丙烯	polypropylene	PP
聚异丁烯	polyisobutylene	PIB
聚苯乙烯	polystyrene	PS
高抗冲聚苯乙烯	high impact polystyrene	HIPS
聚氯乙烯	poly(vinyl chloride)	PVC
氯化聚氯乙烯	chlorinated polyvinylchloride	CPVC
聚四氟乙烯	poly(tetrafluoroethylene)	PTFE

聚合物名称	英文名称	英文缩写
聚三氟氯乙烯	poly(trifluoro-chloro-ethylene)	PCTFE
聚偏二氯乙烯	poly(vinylidene chloride)	PVDC
聚乙酸乙烯酯	poly(vinyl acetate)	PVAc
聚乙烯醇	poly(vinyl alcohol)	PVA
聚乙烯醇缩甲醛	poly(vinyl formal)	PVFM
聚丙烯腈	polyacrylnitrile	PAN
聚丙烯酸	poly(acrylic acid)	PAA
聚丙烯酸甲酯	poly(methyl acrylate)	PMA
聚丙烯酸乙酯	poly(ethyl acrylate)	PEA
聚丙烯酸丁酯	poly(butyl acrylate)	PBA
聚丙烯酸 β-羟乙酯	poly(hydroxyethyl acrylate)	PHEA
聚丙烯酸缩水甘油酯	poly(glycidyl acrylate)	PGA
聚甲基丙烯酸	poly(methacrylic aicd)	PMAA
聚甲基丙烯酸甲酯	poly(methyl methacrylate)	PMMA
聚甲基丙烯酸乙酯	poly(ethyl methacrylate)	PEMA
聚甲基丙烯酸正丁酯	poly(n-butyl methacrylate)	PnBMA
聚丙烯酰胺	polyacrylamide	PAAM
聚 N-异丙基丙烯酰胺	poly(n-iopropylacrylamide)	PNIPAM
聚乙烯吡咯烷酮	poly(vinyl pyrrolidone)	PVP
天然橡胶	natural rubber	NR
丁二烯橡胶	butadiene rubber	BR
异戊橡胶	isoprene rubber	IR
聚异戊二烯(顺式)	cis-polyisoprene	CPI
聚异戊二烯(反式)	$trans$-polyisoprene	TPI
丁腈橡胶	nitril-butadiene rubber	NBR(ABR)
丁苯橡胶	styrene-butadiene rubber	SBR(PBS)
氯丁橡胶	chloroprene rubber	CR
乙丙橡胶	ethylene-propylene copolymer	EPR
ABS 树脂	acrylonitril-butadiene-styrene copolymer	ABS
涤纶纤维	poly(ethylene terephthalate)	PET
聚碳酸酯	polycarbonate	PC
不饱和树脂	unsaturated polyesters	UP
聚酰胺	polyamide	PA
聚氨酯	polyurathane	AU(PUR)
环氧树脂	epoxy resin	EP
脲醛树脂	urea-formaldehyde resins	UF
三聚氰胺-甲醛树脂	melamine-formaldehyde resins	MF

聚合物名称	英文名称	英文缩写
酚醛树脂	phenol-fomaldehyde resins	PF
聚硅氧烷	silicones	SI
聚苯醚	poly(phenylene oxide)	PPO
聚苯硫醚	poly(phenylene sulfide)	PPS
聚芳砜	polyarylsulfone	PASU
聚酰亚胺	polyimide	PI
聚苯并咪唑	polybenzimidazole	PBI
聚氧化乙烯	poly(ethylene oxide)	PEO
聚氧化丙烯	poly(propylene oxide)	PPO
乙酸纤维素	cellulose acetate	CA
硝酸纤维素	cellulose nitrate	CN
羧甲基纤维素	carboxymethyl cellulose	CMC
甲基纤维素	methyl cellulose	MC

参 考 文 献

[1] 危险化学品安全管理条例. 中华人民共和国国务院令第 344 号，2002.

[2] 危险化学品安全管理条例. 中华人民共和国国务院令第 591 号，2011.

[3] 国家安全生产监督管理总局，工业和信息化部，公安部，环境保护部，交通运输部，农业部，卫生和计划生育委员会，质量监督检验检疫总局，铁路局，中国民用航空总局. 危险化学品目录，2015.

[4] GB 13690—2009 化学品分类和危险性公示 通则.

[5] GB 15258—2009 化学品安全标签编写规定.

[6] GB 30000. 2～30000. 29—2013 化学品分类和标签规范.

[7] Glbally Harmonizd System of Classification and Labelling of Chemicals，GHS. Rev 4 New York；Geneva：UN，2011.

[8] 冯建跃，阮俊，应宽，任皆利，郭雯飞，等. 高校实验室化学安全与防护. 杭州：浙江大学出版社，2013.

[9] 戴本忠，王毓德，汤静，王益广. 高等学校物理与材料类实验室安全手册. 北京：化学工业出版社，2017.

[10] 兆华绒，方文军，王国平. 化学实验室安全与环保手册. 北京：化学工业出版社，2013.

[11] 孙玲玲，吴立群，林海旦. 高校实验室安全与环境管理导论. 杭州：浙江大学出版社，2013.

[12] 朱莉娜，孙晓志，弓保津，李振花. 高校实验室安全基础. 天津：天津大学出版社，2014.

[13] 北京大学化学与化工学院实验室安全技术教学组. 化学实验室安全知识教程. 北京：北京大学出版社，2012.

[14] 周其凤，胡汉杰. 跨世纪的高分子科学：高分子化学. 北京：化学工业出版社，2001.

[15] 潘祖仁. 高分子化学. 5 版. 北京：化学工业出版社，2011.

[16] 复旦大学高分子科学系高分子科学研究所. 高分子实验技术. 上海：复旦大学出版社，1996.

[17] 张兴英，李齐芳. 高分子科学实验. 北京：化学工业出版社，2007.

[18] 何卫东. 高分子化学实验. 合肥：中国科学技术大学出版社，2003.

[19] 李青山，王雅珍，周宁怀. 微型高分子化学实验. 北京：化学工业出版社，2003.

[20] 郑震，郭晓霞. 高分子科学实验. 北京：化学工业出版社，2016.

[21] 北京大学化学系高分子教研室. 高分子实验与专论. 北京：北京大学出版社，1990.

[22] 冯开才，李谷，符若文，刘振兴. 高分子物理实验. 北京：化学工业出版社，2004.

[23] 何曼君，张红东，陈维孝，董西侠. 高分子物理. 上海：复旦大学出版社，2007.

[24] 华幼卿，金日光. 高分子物理. 5 版. 北京：化学工业出版社，2019.

[25] 何平笙. 新编高聚物的结构与性能. 北京：科学出版社，2009.

[26] 刘振海，徐国华，张洪林. 热分析仪器. 北京：化学工业出版社，2006.

[27] 闫红强，程捷，金玉顺. 高分子物理实验. 北京：化学工业出版社，2012.

[28] 蔡正千. 热分析. 北京：高等教育出版社，1993.

[29] 杨睿，周啸，罗传秋，汪昆华. 聚合物近代仪器分析. 北京：清华大学出版社，2010.

[30] 杜学礼，潘子昂. 扫描电子显微镜分析技术. 北京：化学工业出版社，1986.

[31] 王国成，肖汉文. 高分子物理实验. 北京：化学工业出版社，2017.

[32] 李允明. 高分子物理实验. 杭州：浙江大学出版社，1996.